実習ライブラリ＝11

実習
データベース
―ExcelとAccessで学ぶ基本と活用―

内田　治 編著　藤原丈史・吉澤康介・三宅修平 共著

サイエンス社

はじめに

　本書はデータベースの基本と使い方を学習するためのテキストとして作成したものです．本書の対象は大学生から社会人までを考えています．

　本書で利用しているソフトウェアはMicrosoft社のExcelとAccessであり，どちらのバージョンも2013を用いています．Excelはデータベース専用ソフトではなく，スプレッドシートと呼ばれる表計算とグラフの作成に適したソフトウェアです．しかし，このソフトには，データを並べ替えたり，検索したりするデータベース機能が備わっており，また，データベース関数と呼べる関数が備えられていることから，データベースの基本を学ぶには最適であると判断して取り上げることにしました．一方，Accessと呼ばれるソフトウェアは，データベース専用のソフトウェアです．以上のことから，Excelでデータベースの基本を学び，Accessで実践と応用を学ぶという位置づけにしています．

　本書の構成は以下の通りです．

　第1章ではデータベースとは何かについて，説明しました．また，データベースを使う目的や基本的な知識を説明しています．

　第2章でExcelを用いたデータベース機能の活用方法を紹介しました．Excelで簡単に行うことができるデータベースの処理は，並べ替え，検索などですが，これらの機能を使うことで，データをさまざまな観点が見えるように整理することが可能です

　第3章ではAccessと呼ばれるデータベースソフトの使い方を紹介しました．Accessを用いたデータベースの機能の使い方を中心に解説しています．

　付録のところには，Excelのデータベース統計関数を紹介しました．例えば，男女別，あるいは，血液型別に，体重の平均値を出して，男女間，あるいは，血液型別に差があるか確認するということが極めて重要なことですが，層別は統計学にける最も基本的であり，かつ，重要なテクニックでもあります．

　本書がデータベースを学ぶ大学生や社会人の一助となれば幸いです．

　2015年11月末日

著者

　　　マイクロソフト製品は米国Microsoft社の登録商標または商標です．
　　　その他，本書で使用している会社名，製品名は各社の登録商標または商標です．
　　　本書では，®と™は明記しておりません．

目　次

第1章　データベースの基礎知識
- 1.1　データベースとデータベース管理システム ……………………………………… 1
- 1.2　データベースの利点 ……………………………………………………………… 5
- 1.3　データベースの種類 ……………………………………………………………… 8
- 1.4　リレーショナルデータベース ……………………………………………………… 10
- 1.5　SQL（構造化問い合わせ言語） …………………………………………………… 13
- 1.6　Excel と Access …………………………………………………………………… 16
- 章末問題 ………………………………………………………………………………… 16

第2章　Excelによるデータベースの活用
- 2.1　Microsoft Excel の概要 …………………………………………………………… 17
- 2.2　データベースの作成 ……………………………………………………………… 18
  - 2.2.1　Excel の起動と終了 ………………………………………………………… 18
  - 2.2.2　データベースとして利用する表の形式 …………………………………… 19
  - 2.2.3　データベースの学習用サンプルデータに関する問題点 ………………… 21
  - 2.2.4　都道府県別面積データの入手と事前加工 ………………………………… 21
  - 2.2.5　【補足】CSVファイルについて …………………………………………… 24
- 2.3　データの検索と置換 ……………………………………………………………… 26
  - 2.3.1　リボンの「ホーム」タブの編集メニューを用いる方法 ………………… 27
  - 2.3.2　フィルターを用いる方法 …………………………………………………… 28
- 2.4　データの並べ替え（ソート） …………………………………………………… 31
  - 2.4.1　データの並べ替えにおける留意点 ………………………………………… 31
  - 2.4.2　「データ」タブの「並べ替え」メニュー ………………………………… 31
- 2.5　大規模データ処理用のデータベース学習用サンプルデータと，その入手 …… 34
- 2.6　データの集計（単純集計とクロス集計） ……………………………………… 35
  - 2.6.1　Excel の集計機能の概略 …………………………………………………… 36
  - 2.6.2　ピボットテーブルによるデータの単純集計 ……………………………… 36
  - 2.6.3　ピボットテーブルの制約 …………………………………………………… 39
  - 2.6.4　関数によるデータの単純集計 ……………………………………………… 41
  - 2.6.5　ピボットテーブルによるクロス集計 ……………………………………… 43
  - 2.6.6　関数によるクロス集計 ……………………………………………………… 44
  - 2.6.7　ピボットテーブルと関数のクロス集計機能の違い ……………………… 46
- 2.7　データの多元的分析（多元集計と層別分析） ………………………………… 47
  - 2.7.1　データの事前加工 …………………………………………………………… 47

2.7.2　ピボットテーブルによる多元集計と層別分析 …………………… 51
章末問題 ……………………………………………………………………………… 54

第3章　Access によるデータベースの活用

3.1　Microsoft Access の概要 …………………………………………………… 57
3.1.1　Access とは？ ………………………………………………………… 57
3.1.2　Excel と Access の違いとは？ …………………………………… 57
3.1.3　Access オブジェクト ………………………………………………… 58
3.1.4　Access の起動と終了 ………………………………………………… 60
3.1.5　データベースファイル ……………………………………………… 60
3.2　テーブル ……………………………………………………………………… 62
3.3　クエリ ………………………………………………………………………… 79
3.4　テーブルとクエリの応用 ………………………………………………… 94
3.5　フォーム …………………………………………………………………… 108
3.6　レポート …………………………………………………………………… 118
章末問題 …………………………………………………………………………… 132

付録　Excel のデータベース関数 ……………………………………………… 135
章末問題の解答 …………………………………………………………………… 145
索　　引 …………………………………………………………………………… 153

■ **本書で使用するサンプルデータについて**

　本書の「演習」の一部において，予め用意されているデータファイルを使用するものがあります．
これらのファイルは ZIP 形式で1つのファイルに圧縮され，サイエンス社のホームページ内「サポートページ」にある本書の項目よりダウンロードできます．

　　　　サイエンス社のホームページ：　http://www.saiensu.co.jp
　　　　　　　　　　ファイル名：　実習 DB サンプルデータ.zip

　ダウンロードは，使用しているパソコンの「デスクトップ」上へ行ってください（ダウンロード後にデスクトップへ移動，としても問題ありません）．
　ZIP 圧縮ファイルの解凍（展開）方法は Windows（Mac OS）に標準で備え付けられていますので，各自で解凍（展開）を行ってください．
　解凍（展開）後に「実習 DB サンプルデータ」フォルダが生成され，その中に「第2章」，「第3章」のフォルダが入っています．
　これら各章のフォルダにそれぞれのデータファイルが入っていますので，フォルダ内から移動せず，そのまま使用してください．

　本書では，上記の操作に基づいて説明されています．

第1章 データベースの基礎知識

1.1 データベースとデータベース管理システム

データと情報

データベースとは何かを学ぶ前に，そもそもデータとは，情報とは何かから始めましょう．これらの言葉は，普段の生活においてもよく使われますが，改めて「データとは？」「情報とは？」と聞かれるとなかなか答えにくいものです．

まずはデータです．データと聞くと「コンピュータの中にあるもの」，さらには「数字（数値）で表されたもの」と漠然と考えるかもしれません．しかし，データはもっと一般的なもので，何もコンピュータの中だけの話ではなく[1]，私たちの生活においてもさまざまな形で存在しています．例えば，今日の天気や気温，病院での検査結果，コンビニでの最新の売れ筋商品，町づくりのための住民アンケート，果ては政治家の発言から芸能ニュース（!?）までそれこそ挙げたらキリがありません．つまり，社会的な出来事や事実，自然界で起こるさまざまな現象，調査や観測・測定から得られた結果など非常に幅広いものです．それらが数値，文字，画像，動画，音声など何らかの形で記録されたもの，それが「**データ**」です．

このようなデータの中で，ある目的のための判断や行動に役立つものが「**情報**」です．例えば病院において，ある患者のさまざまな検査結果から得られる数値，既往歴や症状といった文章，レントゲンやCTの画像などはすべてデータです．これらのデータは医学的な知識がない一般の人が見ても何が何だか分からず，ただのデータであり，情報とはなりません．しかし，専門知識をもつ医師の手にかかれば，患者の病気を治すために活かせる有用なデータ，つまりは情報となるわけです（図1.1）．

データベースとは？

データベースとは，簡単に言ってしまえば「データをまとめたもの」です．とは言え，これではあまりに漠然としすぎるので，もう少し説明すれば「何らかの目的のために整理整頓したデータの集まり」です（図1.2）．データベースとしてデータを管理しておけば，欲しいデータを効率よく探せ，無駄なくデータを蓄積でき，さらに多人数で安全にデータを使うことができます．

ここでポイントとなるのは，どのように整理整頓するか，すなわち，どのような構造にすればデータを扱いやすく，かつ効率的に操作，管理できるかです．その構造や仕組みはさまざまですが，そ

---

[1] 「データ」と「情報」についての定義はさまざまなものがあります．その1つであるデータの狭義として，コンピュータにおける「アプリケーション（ソフトウェア）」が操作・処理する対象としての「データ」という意味もあります．

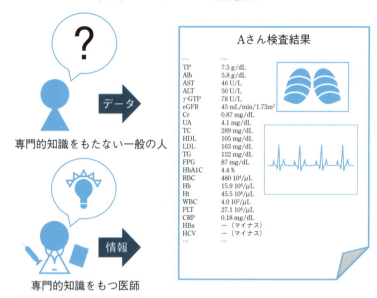

図 1.1 データと情報

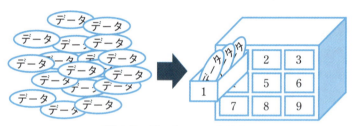

図 1.2 データベースとは？

れは後におきまして，まずはデータベースがどのように使われているかを見てみましょう．

データベースの利用範囲

　データベースが利用されている範囲は非常に広く，私たちの生活においても利用しない日はないくらい身近なところで使われています．これは直接データベースを利用するということに加え，データベースに蓄積されている膨大なデータを分析した結果などを間接的に利用することも含めての話です．

　例えば大学生 A 君の 1 日の生活をとりあげてみましょう（図 1.3）．

- 朝起きて今日の天気を TV でチェック——過去の天気やさまざまな気象条件など膨大なデータがデータベースに蓄積され予測に利用されます．
- 電車に乗って大学へ．IC カードで楽々改札——何時何分にどの駅から乗り，どこの駅で降りたか，こんな行動もデータベースに蓄積されています．
- 大学行く前にコンビニへ．レジで商品を購入——どんな顧客（性別，年代など）がどの商品とどの商品を買ったかなどがデータベースに保存されます．これは商品の販売戦略には欠かせません．

図 1.3　A君の1日とデータベース

- 大学に到着，授業の出席確認はスマホで——学生の基本情報，出席，成績などもデータベースで管理されます．
- 帰宅後，授業の課題についてWebで検索——データベースに蓄積された膨大なWebページの情報を検索しています．
- 気晴らしにショッピングサイトでお買い物——商品の情報はもとより，会員の基本情報や閲覧・購入履歴などさまざまな情報がデータベースで管理されています．

…と，まだまだたくさんありますが，A君の例はこのくらいにしましょう．この他にも，会社における商品管理・人事管理，銀行の預金・決済管理，交通機関における座席予約や運行管理などなど，例を挙げたらキリがありません．このように，データベースは私たちの生活においてすでになくてはならないほど重要なものになっています．

ちなみに，上記で挙げた人々の買い物や移動といった行動履歴や，Webサイトでの閲覧購買行動といった日々蓄積される膨大なデータは「ビッグデータ」と呼ばれます．このビッグデータはコンピュータやネットワークの発達により，従来できなかった蓄積・分析ができるようになりました．それにともない，データベースの分野においてもその潮流は変わりつつあります[2]．

---

[2] データベースの構造として，本書でも中心として扱っているリレーショナルデータベースから，それ以外のさまざまな構造のデータベース（NoSQL）も利用されるようになってきました．

マイナンバー（個人番号）とデータベース

　マイナンバー（個人番号）とは，日本に住民票がある個人1人ひとりに付与される12桁の番号です．この目的は情報の連携による行政の効率化です．日本においての各個人の情報は，巨大なデータベースとして1箇所で集中的に管理する一元管理データベースではなく（図1.4左），行政機関ごとに必要な情報だけ分散して管理する分散管理データベースとして運用されています（図1.4右）．各行政機関のデータベースでは，個人を識別するための番号を機関ごとに付けて情報を管理していますが，この番号は同じ人でも各機関でバラバラの番号です（住民票コード，基礎年金番号，被保険者番号など）．したがって，例えば日本年金機構では基礎年金番号さえあれば個人を完全に特定できますが，税務署ではその番号は使用できません．つまり，ある特定の個人について，さまざまな機関における情報を結びつけることが非常に困難です．一方，マイナンバーは機関によらない個人を特定する共通の番号ですので，このマイナンバーをもとに各機関のデータベースが結びつけられ，効率的な情報の連携を図ることができます[3]．

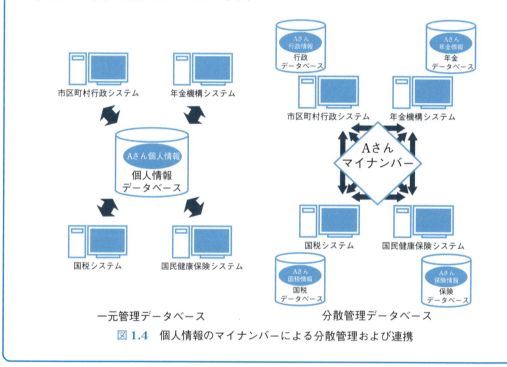

図 1.4　個人情報のマイナンバーによる分散管理および連携

データベース管理システム

　データベースは言わばデータの塊です．そのデータの塊を管理，制御するシステム（ソフトウェア）が**データベース管理システム**（**Database Management System：DBMS**）です（図1.5）．データベースを利用するユーザやアプリケーションは，このデータベース管理システムを介してデータベースにアクセスすることになります．ちなみにデータベース管理システムは，複数のデータベースを管理することができます．

　データベース管理システムは商用から個人利用，有償から無償のものまで，たくさんのものが販

---

[3] 実際には各機関の連携において直接マイナンバーがやりとりされるわけではなく，セキュリティのため機関ごとの番号に変換する中間サーバを介して連携が行われます．

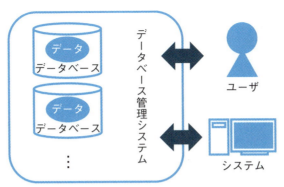

図 1.5　データベースとデータベース管理システム

売，提供されています．本書で扱う Microsoft 社の Access もこのデータベース管理システムの 1 つです．「データベース」という言葉は，厳密に言えばデータベース管理システムで管理されているデータ群としてのデータベースを指します．しかし，このデータベース管理システムを指す場合もありますので，このあたりの定義は若干あいまいと言えます．

1.2　データベースの利点

　そもそもなぜデータベースが広く利用されているのでしょうか．データベースを使わないで，例えばメモ帳アプリなんかでデータを適当に羅列してもよさそうです．データ量が少なく，絶対自分でしか（1 つのアプリケーションでしか）使わないなら，まあそれでも何とかなります．しかしながら，データが多量で，かつデータを効率的に広く安全に活用しようとなるとデータベースが必要となります．ここでは大きく 3 つのポイントに絞ってデータベースの利点を紹介します．

- **データをみんなで利用できる**

　ここでの「みんな」とは，複数の人間（ユーザ）と複数のアプリケーション（システム）の両方を意味しています．コンピュータやネットワークが発達した現在では，1 つのデータを多くのユーザ，複数のシステムで利活用することは重要です（**データの共有化**）（図 1.6）．データベースではデータに対する操作はルール化されています．データを利用するアプリケーションはそのルールさえ守れば，データの細かい管理はデータベースにまかせることができ，アプリケーションの機能や操作が変わろうとも，データ処理に関する部分は変更しなくて済みます（**データの独立性**）（図 1.7）．また，データベースでは同時にデータへ複数のアクセスがあっても適切に処理できる仕組みがあります（**同時実行制御**）（図 1.8）．

- **データの矛盾や無駄をなくせる**

　データの共有化にも関連しますが，1 つのデータは原則 1 箇所で管理することができます（**データの一元管理**）．データの変更があった場合でも，こっちでは直したけど，こっちはまだ，なんていうことはなくなります．例えば，ある従業員が引っ越しで住所が変わった場合，データベースで一元管理しておけば 1 箇所の変更で済みます．もしアプリケーションごとに別々にデータを管理していたなら，人事管理システム，給与管理システムなど個別でそれぞれデータを修正する必要があ

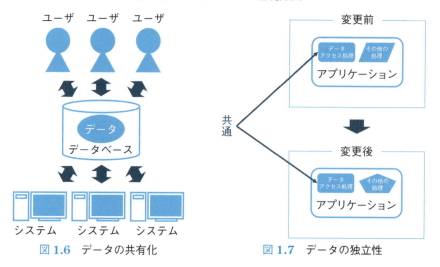

図 1.6　データの共有化　　図 1.7　データの独立性

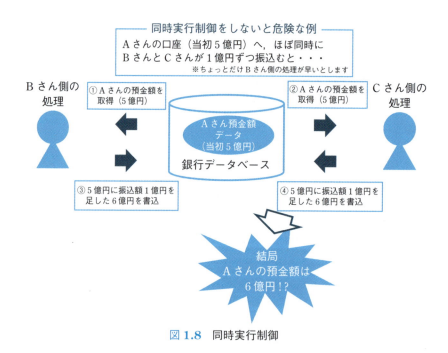

図 1.8　同時実行制御

ります（図 1.9）．また，1 つのデータを複数のところで管理するとなると，どのような形式でデータを保存するかも統一しなければなりません（**データ形式の統一**）（図 1.10）．例えば，生年月日ひとつとっても，「1970/8/31」「1970 年 8 月 31 日」「1970-08-31」など複数の形式があり，統一は大変です．データベースで一元管理していれば，管理するデータの形式は統一でき，かつ各システムでの表示形式は任意にできます．

● **データを安全・安心に利用できる**

データの共有化により，さまざまなユーザ，アプリケーションが共通のデータベースを利用します．となると，このデータはこのユーザ（アプリケーション）には見せない，あるいは見るだけで変更はできない，といったアクセス制御が必要になります（**データへのアクセス管理**）（図 1.11）．

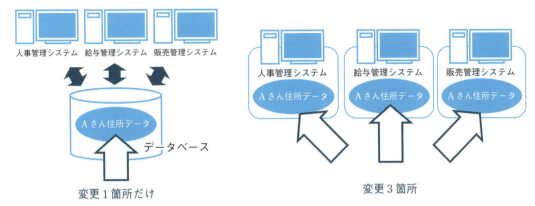

図 1.9　データの一元管理

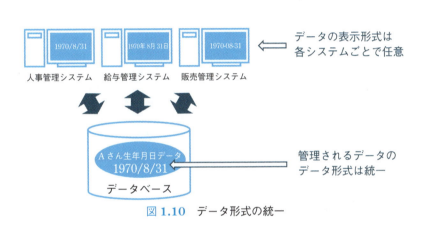

図 1.10　データ形式の統一

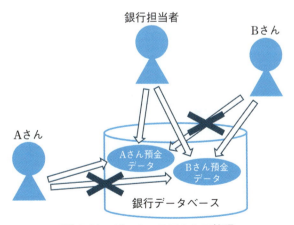

図 1.11　データへのアクセス管理

それぞれのユーザがどのデータにどのような種類のアクセスが可能かを制御することで，データのセキュリティが確保できます．もう1つの安全・安心として，データが壊れたときに元の状態に戻すことができます．データベースはデータに対する操作の履歴（＝ログ）やデータの一部や全体の

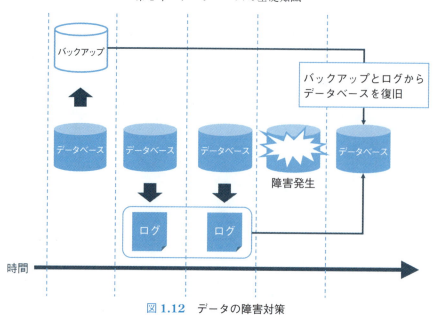

図 1.12　データの障害対策

バックアップを自動でとる機能をもっています（データの障害対策）（図 1.12）．したがって，例えばデータベースが保存されているハードディスクの故障があっても，安全に故障前の状態に戻すことができます．

1.3　データベースの種類

ひとくちにデータベースと言ってもさまざまなデータベースがあります．ここではデータベースの構造という意味での種類をいくつか紹介します（図 1.13）．

図 1.13　データベースの種類

● **階層型データベース**

データを親と子の構造で表すデータベースです．1 つのデータは複数の子となるデータをもつことができますが，親となるデータは必ず 1 つだけです．シンプルな構造ですが，表せるデータはある程度限定されます．データ同士の関連は物理的な位置を表すポインタを利用します．

ビッグデータとNoSQLデータベース

　ビッグデータとは何かについてはさまざまな定義がありますが，従来のシステムでは対応が難しいような量的に膨大で，質的にも多種多様なデータのことです．このビッグデータをいかに扱い，そこから有用な情報をどう引き出すかは，現在，コンピュータ，ビジネスの世界はもとよりその他さまざまな分野において大きく注目されています．ビッグデータはコンピュータシステム上で蓄積，管理する必要がありますが，多種多様で膨大なデータであるビッグデータは，これまでもっとも利用されてきたリレーショナルデータベースではうまく扱えません．そこで利用されるようになってきたのが **NoSQL** データベースです．これは Not Only SQL の略で，つまるところリレーショナルデータベース以外のデータベースです[4]．従来のリレーショナルデータベースはその厳密な構造や速度の面などで対応できなくなってきており，そのアンチテーゼとしてその他の構造のデータベースを状況によって利用しようというものです．例えば，キーバリュー型，カラム指向型，ドキュメント型，グラフ型データベースなどがあり，実際に Google や Amazon などビッグデータを扱う企業で使用され，その用途は広がりをみせています（図 1.14）．

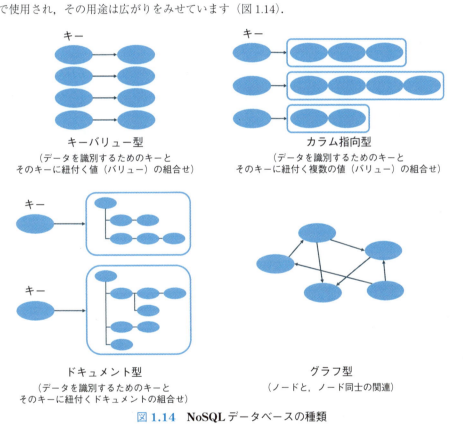

図 1.14　NoSQL データベースの種類

● ネットワーク型データベース

　データを蜘蛛の巣状の構造で表すデータベースです．階層型は親が2つ以上もてないのに対し，複数の親となるデータをもつことができます．自由度は高いですが，データの構造が複雑になり，

---

[4] SQLとはリレーショナルデータベース専用の言語です．NoSQLとは，SQLを使わないデータベース，つまりリレーショナルデータベース以外，という意味です．

人間が直観的に理解しやすい構造とは言えません．階層型と同様，データ同士の関連は物理的な位置を表すポインタを利用します．

- **リレーショナルデータベース**

2次元の表（＝テーブル）を基本に，複数のテーブルを関係させて表すデータベースです．関係データベースとも呼ばれます．現在，データベースと言えばこのリレーショナルデータベースを指すほど広く利用されています．データ同士（テーブル同士）の関連は論理的なキーというものを利用します．

1.4 リレーショナルデータベース

　リレーショナルデータベースとは，データが縦と横に並んだ2次元の**テーブル**（表）を基本とし，複数のテーブルを組み合わせる（関連させる）ことで，複雑なデータもシンプルな構造で表すことができるデータベースです．本書の実習（第3章）で用いるAccessもその1つですので，ここではこのリレーショナルデータベースの基本的な知識を学んでおきましょう[5]．

テーブルの構造

　テーブルの構造は横方向の**レコード**（**タプル**とも呼ばれます）と縦方向の**フィールド**（**属性**または**カラム**とも呼ばれます）からなります（図1.15）．レコードは個々のひとまとまりのデータ，例えば1人の個人や1つの商品，1回の注文などのデータを表します．フィールドは，レコードを構成する1つの要素を表し，例えば商品のレコードでは，商品名や容量，価格などです．このフィールドは，「**フィールド名**」と，どのような種類のデータを入れるかの「**データ型**」が決まっています（あらかじめテーブル作成時に決めます）．また，テーブルには必ず名前「**テーブル名**」が付いています．

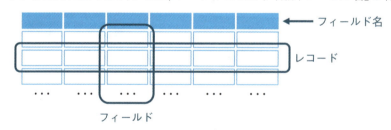

図1.15　テーブルの構造

主キー

　テーブルには複数のフィールドがあるのが普通ですが，その中には主キーと呼ばれる特別なフィールドがあります[6]．**主キー**はレコード間で重複のない値をもつフィールドで，各レコードを

---

[5] もう1つの実習（第2章）ではMicrosoft社のExcelを用いますが，これはリレーショナルデータベースではありません．しかしながら，2次元の表でデータを管理することやデータベース関数があるなど，リレーショナルデータベースとしての基本的な要素をもちますので，本書ではExcel，Accessの順に学んでいきます．
[6] 1つのフィールドが主キーとなる場合だけでなく，複数のフィールドを組み合わせて主キーとなる場合もあります．これは複合キーと呼ばれます．

主キー

社員番号	氏名	カナ氏名	部署ID	入社年月日	住所	生年月日
…	…	…	…	…	…	…
E025034	須藤 明彦	スドウ アキヒコ	B002	2010/4/1	東京都大田区…	1990/3/12
E025035	山本 洋子	ヤマモト ヨウコ	B003	2010/4/1	東京都葛飾区…	1992/10/25
E025036	瀬川 英輔	セガワ エイスケ	B002	2010/10/1	千葉県市川市…	1990/12/7
…	…	…	…	…	…	…

社員テーブル

図 1.16　社員テーブルにおける主キー

識別するためのものです．つまり，主キーの値が分かれば，必ず1つのレコードを探せることになります．社員の個人情報を管理する社員テーブルで言えば，社員番号が主キーになり，社員番号で各社員を識別，つまり社員番号さえ分かれば，ある1名の社員を特定できることになります（図 1.16）．

外部キー

リレーショナルデータベースでは，各テーブルがそれぞれ完全に独立していることはほとんどなく，互いに関連をもちます．この関連は一般的に**外部キー**と呼ばれるもので実現しています．例えば，ある会社のデータベースにおける社員テーブルと部署テーブルを例にします（図 1.17）．部署テーブルは部署番号が主キーで，各部署の詳細情報のためのテーブルです．社員テーブルは各社員の詳細情報のテーブルですが，社員がどの部署に属しているかは部署番号で表されていることに注目しましょう．つまり，この2つのテーブルはこの部署番号で関連性を保っていることになります．例えば，ある社員の所属している部署名を知りたければ，社員テーブルからその社員のレコードを探し，そのレコードの部署番号を調べ，部署テーブルからその部署番号のレコードを検索すれ

外部キー

社員番号	氏名	カナ氏名	部署番号	入社年月日	住所	生年月日
…	…	…	…	…	…	…
E025034	須藤 明彦	スドウ アキヒコ	B002	2010/4/1	東京都大田区…	1990/3/12
E025035	山本 洋子	ヤマモト ヨウコ	B003	2010/4/1	東京都葛飾区…	1992/10/25
E025036	瀬川 英輔	セガワ エイスケ	B002	2010/10/1	千葉県市川市…	1990/12/7
…	…	…	…	…	…	…

社員テーブル

＋

主キー

部署番号	部署名	内線番号
…	…	…
B002	総務部人事課	2450
B003	営業部第1課	4501
B004	営業部第2課	4502
…	…	…

部署テーブル

社員番号	氏名	カナ氏名	部署番号	入社年月日	住所	生年月日	部署名	内線番号
E025035	山本洋子	ヤマモトヨウコ	B003	2010/4/1	東京都葛飾区…	1992/10/25	営業部第1課	4501

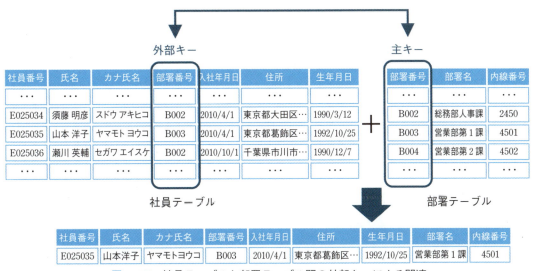

図 1.17　社員テーブルと部署テーブル間の外部キーによる関連

ば分かります[7]．このように，あるテーブルの主キーが，他のテーブルのフィールドとなっているものを外部キーと呼び（この例では社員テーブルの部署番号が外部キー），2つのテーブルの関連をこの外部キーで保っていることになります．

正規化

リレーショナルデータベースでは，シンプルな構造で複雑なデータも表せますが，何でもかんでも，というわけにはいきません．ある決まった構造までデータを無駄や矛盾のない形（＝**正規形**）にする必要あります．これを**正規化**と言います．正規化は第1段階（第1正規形）から順に進んでいきますが，一般的には第3段階（第3正規化）まで正規化を行えばリレーショナルデータベースで表せる形になります[8]．例えば第1正規化は，繰り返し項目をなくし，2次元の表の状態にすることです（図1.18）．

日付	メニュー	数量
...	...	...
2015/5/7	コーヒー	12
	アイスコーヒー	10
	カフェオレ	8
	紅茶	7
	オレンジジュース	5
2015/5/8	コーヒー	19
	アイスコーヒー	12
	紅茶	9
...	...	...

売上テーブル（非正規形）

第1正規化 →

日付	メニュー	数量
...	...	...
2015/5/7	コーヒー	12
2015/5/7	アイスコーヒー	10
2015/5/7	カフェオレ	8
2015/5/7	紅茶	7
2015/5/7	オレンジジュース	5
2015/5/8	コーヒー	19
2015/5/8	アイスコーヒー	12
2015/5/8	紅茶	9
...	...	...

売上テーブル（第1正規形）

図 1.18　第1正規化の例

リレーショナルデータベースの種類

リレーショナルデータベースのデータベース管理システム（DBMS）にはさまざまなものがあり，現在のコンピュータシステムでは広く利用されています．商用の大規模なシステム向けのものとしては，Oracle 社の Oracle，IBM 社の DB2，Microsoft 社の SQLServer といったものがあります．無償で利用でき，かつ企業でも実際に使われる信頼性もあるものとしては，MySQL，PostgreSQL などがあります．本書で扱う Access は，商用で，かつ小規模向けのリレーショナルデータベースの DBMS です．

---

[7] 説明のために長く書きましたが，データベースの操作としてこのような操作は一発でできます．
[8] 逆に言えばリレーショナルデータベースで扱うには，一般的に第3正規化まで行う必要があります．

1.5 SQL（構造化問い合わせ言語）

データベースに対して何らかの操作（＝**クエリ**）を行うには，基本的に専用の言語を使って命令を書き，それを実行することで行います．リレーショナルデータベースでは，**構造化問い合わせ言語（Structured Query Language：SQL）** という標準化された言語を使います．本書で扱う Access もこの SQL を使って（＝ SQL で書いた命令を実行して）操作することができます．しかし，Access の強みは，この SQL を使うことなくアイコンやメニューを選択するといったグラフィカルな操作（＝ GUI）でほぼすべてのことができることです．したがって，本書の Excel や Access のみを使うのであれば，この SQL の知識は必須ではありません．とは言え，やはりデータベースの基礎知識としてぜひ概略ぐらいはつかんでおきましょう．

SQL は大きく分けて，操作，定義，制御という 3 つに分類できます．操作はデータの検索・挿入・更新・削除など，定義はテーブルやデータベース自体の作成など，制御はユーザへのアクセス権限付与や取り消しなどです．

SQL はリレーショナルデータベースであれば，具体的なデータベース管理システム（ソフトウェア）が異なっても共通して利用できます．リレーショナルデータベースは現在のデータベースの主流ですので，この SQL さえ使いこなせれば，ほとんどのデータベースを扱える，とも言えるくらい強力です[9]．とは言え，SQL を本気で学ぼうとすると 1 冊の本ぐらいの内容になってしまうので，ここでは SQL 全体でも（データベース全体の操作においても）一番使用頻度が高い検索（**SELECT 文**）について，リレーショナルデータベースの特徴的な演算[10]と絡めて簡単に説明します．

SQL は具体例がないと分かりにくいので，ここではコンビニの商品情報を管理する商品テーブルを例としてとりあげます（図 1.19 左）．このテーブルは各商品についての詳細情報を管理するテーブルで，商品名や価格といったフィールドがあります．また，商品を製造しているメーカーを管理するメーカーテーブルも用意しておきます（図 1.19 右）．

商品番号	商品名	メーカー番号	価格
S140021	ロイヤルミルクティー	M7011	150
S140022	北海道牛乳	M5824	210
S140023	元気ヨーグルト	M5824	90
S140024	プリティープリン	M7011	110
S140025	フルーツサンド	M8345	230

商品テーブル

メーカー番号	メーカー名	電話番号
M5824	ふわとろ乳業	011-384-XXXX
M7011	サイエンス乳業	03-4970-XXXX
M8345	虹色パン工房	043-521-XXXX

メーカーテーブル

図 1.19　コンビニの「商品テーブル」と「メーカーテーブル」

---

[9] SQL は DBMS ごとに一部異なる部分もあります．しかし，大きく変わることはないので，基本的な SQL をマスターしていれば対応はそれほど難しくありません．

[10] 数字で言えば足し算引き算などの四則演算みたいなものです．ここでは操作と言い換えた方が分かりやすいでしょう．

● 射影

　射影はテーブルから目的のフィールド（列）を取り出すものです．例えば，商品テーブルにおいて，「商品名と価格のデータが欲しい」という場合が射影です．

　SQL で検索を行うには SELECT 文を使います．射影では

> SELECT 取得したいフィールド FROM 検索するテーブル

と書きます．取得したいフィールドが複数ある場合はカンマ（,）で区切ります[11]．したがって，商品テーブルから商品名と価格を取得したい場合は図 1.20 のようになります．

SELECT 商品名, 価格 FROM 商品テーブル

商品名	価格
ロイヤルミルクティー	150
北海道牛乳	210
元気ヨーグルト	90
プリティープリン	110
フルーツサンド	230

図 1.20 射影の SQL 文と検索結果

● 選択

　選択はテーブルから目的とするレコード（行）を取り出すものです．もちろん上記の射影と組み合わせても使用できます．例えば，「200 円以下の商品一覧が見たい」といった場合です．より具体的には「商品テーブルから価格フィールドが 200（円）以下の商品レコードを検索する」ような操作です．

　SQL では

> SELECT 取得したいフィールド FROM 検索するテーブル WHERE 条件

と書きます．WHERE 句には，目的とするレコードの条件，例えばあるフィールドの値が指定した値や範囲内であるもの，といった条件を書きます[12]．先の例の「価格が 200 円以下の商品一覧を検索する」場合は図 1.21 のようになります．

● 結合

　結合はリレーショナルデータベースとしての特徴がもっとも現れているもので，関連する複数のテーブルを組み合わせてレコードを結合します（結果として 1 つのテーブルになります）．どのように各レコードを結合するかは，基本的に上記で説明しました**主キー**と**外部キー**の紐付け（＝主キー

---

[11] すべてのフィールドを取得する場合はアスタリスク（*）を 1 つ書くだけです．
[12] 具体的には比較演算子，論理演算子などを使った式で条件を書きます．詳しくは第 3 章でとりあげます．

図 1.21 選択の SQL 文と検索結果

と外部キーが同じ値のレコード同士を結合）で行います．今回の例では，ある商品についてメーカーの詳細も知りたいといった場合にこの結合を使います．商品テーブルだけではメーカー番号しかないので，これではメーカーの詳細は分かりません．そこで商品テーブルとメーカーテーブルを結合して，商品ごとにメーカーの詳細が分かるような検索をすることができます．

結合する 2 つのテーブルをそれぞれテーブル A とテーブル B とすると，SQL では

SELECT 取得したいフィールド FROM テーブル A, テーブル B
WHERE テーブル A.結合フィールド=テーブル B.結合フィールド

と書きます．WHERE 句の条件は，2 つのテーブルをどのフィールド同士（そのフィールドが同じ値のレコード同士）で結びつけるかを指定します（通常はそれぞれ主キーと外部キーのフィールドです）[13]．

商品テーブルとメーカーテーブルの結合は図 1.22 のようになります[14]．

図 1.22 結合の SQL 文と検索結果

---

[13] 「テーブル.フィールド」の書き方は，フィールドの指定について「どのテーブルのか」まで明示的に指定するものです．1 つの SQL 文において，対象とする複数のテーブル間で同じ名前のフィールドがあった場合にはこの書き方が必要です．結合の SQL 文では，複数のテーブルが対象で，かつ一般的に主キーと外部キーは同じフィールド名の場合が多いのでこのように指定します．

[14] 検索結果ではメーカー番号が重複して現れていますが，これは射影ですべてのフィールドを指定（「*」）しているためです．

1.6 Excel と Access

　本書では，Microsoft 社の Excel と Access の 2 つのソフトウェアを実際に使用してデータベースを学習します．Excel は表計算ソフトウェアであり，上記で説明してきたデータベース管理システムではありません．しかし，広い意味でのデータベースの基本機能，つまり必要なデータをまとめて，効率的にデータを検索するといった多くの機能をもっています．したがって，まずは Excel におけるデータベースの扱い方を学ぶことでデータを管理するコツをつかみます．

　一方，Access はリレーショナルデータベースとしてデータを扱うデータベース管理システムであり，データを管理，操作するさまざまな機能をもっています．他の多くのデータベース管理システムは機能や性能の面では Access より優れているものの，取り組みやすさ，操作のしやすさ，理解のしやすさ，という観点からは Access は秀でています．この Access を実際に操作しながら，リレーショナルデータベースの基本を学んでいきましょう．

章末問題

1 「データ」および「情報」とは何かについて，身近な例をとりあげて説明してみましょう．

2 「データベース」はどこで使われているか，またどのようなデータが管理されているかを，実生活，およびインターネット上のサービス，それぞれについて調べてみましょう．

3 データベースを利用する利点について説明してみましょう．

4 リレーショナルデータベース，および SQL について説明してみましょう．

第2章 Excelによるデータベースの活用

2.1 Microsoft Excelの概要

Microsoft Excel（以下，**Excel**と言います）は，マイクロソフト社が開発・販売している「**表計算ソフトウェア**」あるいは「**スプレッドシート**」と呼ばれるアプリケーションソフトウェアです．一般的な事務作業でよく使用されるアプリケーションソフトウェア（ワードプロセッサ，表計算，プレゼンテーション，メールクライアント，データベースなど）をパックにしたものを「**オフィススィート**」と呼びますが，その中核を成す製品の1つです．

Excelには，データの入力，加工，分析，各種書式の表の作成，グラフ化など，一般的な事務作業で必要とされる機能が一通りそろっています．また，多くの作業がマウスを用いて直観的に操作できる一方，Excelに内蔵されているプログラミング言語機能（VBA：Visual Basic for Applications）を用いれば，作業の自動化など高度な利用も可能です．小規模なデータ（パソコンの能力にもよりますが，目安として数万件程度）であれば，このExcelだけで大半の作業が可能です．

次章で解説するMicrosoft Accessのような「リレーショナルデータベース」に関しては，各社からさまざまな製品が提供されています．その一方で，無料で使用制限が緩いフリーソフトウェアも広く利用されています．

しかし「表計算ソフトウェア」に関しては，Excelが圧倒的なシェアをもっており，いわば，「事務作業をするためにはExcelのスキルは必須」と言っても過言ではない状況です．

では，「表計算ソフトウェア」と「リレーショナルデータベース」は，どのように使い分けられているのでしょうか？　大きな違いは以下のようになります．

- **表計算ソフトウェア**

  基本は，個人的な使用となります．自由度が高い反面，データの整合性を保つ責任は利用者に委ねられます．大規模なデータは扱えません．

- **リレーショナルデータベース**

  組織全体，複数のシステムで共有されるようなデータを集中管理します．データの整合性などを厳密に制御できます．その反面，自由度は制限されます．大規模なデータを高速に蓄積，検索できます．

Excelは図2.1のような画面で構成されています．数値，文字，数などか入るマス目（**セル**/cell）が縦横に並びます．このセルの集まりを**シート**（sheet）と呼びます．Excelは，1つのファイル内に複数のシートを配置でき，このシートの集まりが**ブック**（book）となります．

Excelでの作業の基本は，このセルにデータを入力し，見た目が分かりやすくなるように罫線や

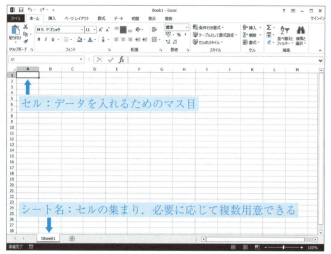

図 2.1　Excel の基本画面

配色などのレイアウトを整え，必要に応じて各種の計算やデータ処理を行うようにセルに数式を設定することとなります．

Excel には膨大な機能があり，そのすべてを解説することは本書の範囲を超えます．ここでは，Excel のもつ「データベース」機能に的を絞って解説します．また，読者は Excel の基本的な操作については，すでに習得していることを前提とします．

2.2　データベースの作成

2.2.1　Excel の起動と終了

Excel の起動

Windows7 以前のバージョン，および Windows10 では，デスクトップ画面左下の「スタートボタン」のメニューを開くことで起動できます（図 2.2）．

Windows8 および Windows8.1 の場合は，「Metro」と呼ばれるスマートフォンやタブレット端末に似たユーザインターフェースが採用されおり，この中の「アプリ」の画面から開くことができます．

［手順 1］　＜スタート＞ボタンをクリックし，スタート画面を表示します．
［手順 2］　左下にある［下矢印］ボタンをクリックします（図 2.3 左）．
［手順 3］　アプリの一覧から［Excel 2013］をクリックします（図 2.3 右）．

いずれの場合も，Excel のデータを含むフォルダが

図 2.2　Windows10 の場合の Excel の起動

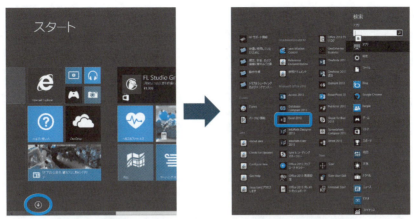

図 2.3　Windows8，Windows8.1 の場合の Excel の起動

表示されている場合は，そのアイコンをダブルクリックすることで起動できます（図 2.4）[1]．

図 2.4　Excel データファイルのアイコン

Excel の終了
［手順 1］　ウィンドウ右上にある［閉じる］ボタンをクリックします（図 2.5）．

図 2.5　Excel の終了

2.2.2　データベースとして利用する表の形式

　Excel は，本格的なリレーショナルデータベースなどとは異なり，比較的自由にデータを配置できます．しかし，データベースとして使用する場合は，<u>一定のルールでデータを配置する</u>ことが極めて重要です．基本的に次の原則でデータを配置した表を準備します．
① 1 行目は見出し行であること（複雑な見出しの場合，見出しが複数行にわたることは，ある程度はやむを得ません．なお，次章で解説する Access のようなリレーショナルデータベースでは複数行見出しに相当するような構造は認められません）
② 1 行に 1 件のデータがあること

---

[1] なお，多くのパソコンでは，初期状態が「登録されている拡張子は表示しない」設定になっており，アイコンの名前の拡張子（「.xlsx」の部分）が表示されません．例えば図の例で言うと，アイコンの名称が，「Book1.xlsx」ではなく，「Book1」となっているはずです．この拡張子の表示の有無の設定は，Windows のバージョンによりますが，通常は「コントロールパネル」→「フォルダーオプション」→「表示」で確認・変更ができます．なお，本章では，必要に応じて拡張子を含めたファイル名を併記します．

③ 無意味な空行（何も書いてない行）がないこと
④ 列（縦方向）のセルのデータの書式が統一されていること（Excel には「標準」，「数値」，「日付」，「文字列」といったデータの書式をセル単位で指定できます．しかし，これらが同一列内で混在することは望ましくありません）
⑤ データの内容的な形式がそろっていること（大文字・小文字，全角・半角文字の統一など）

見た目や様式にこだわって変則的で凝った表形式を使用する，あるいは，統一性のない場当たり的なデータ入力を行うと，データベースとして非常に使いにくいものになってしまいます．データベースの作成に当たっては，上に述べた点に注意してください．

図 2.6，2.7 で，データベースとして利用する表の形式の「よい例」と「わるい例」を示します．

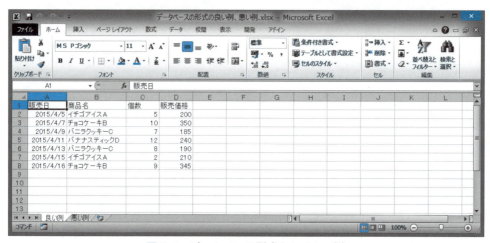

図 2.6 データベース形式としてよい例

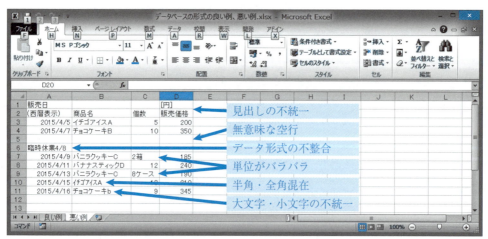

図 2.7 データベース形式としてわるい例

2.2.3 データベースの学習用サンプルデータに関する問題点

Excel などのデータベース機能の学習で問題となる点の 1 つが,「学習用のサンプルデータ」の入手です.単に,機能を説明するだけであれば,簡単な例を準備すればよいのですが,リアリティ(現実性)に欠けます.また,データベースはある程度規模の大きなデータを扱って初めて意味のあるものなので,学習用とは言え,それなりの件数のサンプルデータがあることが望まれます.

一方,「現実のデータ」を用いる場合は,主に次の 2 つの問題点があります.

① 知的所有権,プライバシーなどの制約から,学習目的に自由に使えない場合が多い
② データベースとして利用するための「事前処理」が必要な場合が多い

知的所有権などの問題が比較的少ないデータの例として,官公庁などから公開されている**パブリックデータ**が挙げられます.使用に許諾・制限が必要なものもありますが,単純な統計情報などの場合は,特に制限がないものも多数存在します.

代表的なものとしては,**総務省統計局**[2]が公開しているデータなどがあります.総務省統計局は,国勢調査など国や地方公共団体における各種の施策の立案や推進に欠くことのできない調査を実施する一方で,その他さまざまな統計データを広く国民に提供することをその責務としています.

また,2 つ目の問題点である「事前処理」については,教科書,参考書などで触れられる例は必ずしも多くないのですが,実務上の重要性は極めて高いです.そこで本書では,実践的なデータ活用を目指して,この「事前処理」についても解説します.

この章の前半では,総務省統計局の「都道府県別面積」のデータを用いて,実践的なデータの入手・事前加工と,Excel の基本的なデータベース機能を学びます.

後半では,同じく総務省統計局が公開している「学校基本調査」のデータと,文部科学省の中央教育審議会で公開されている大学生の学習時間に関するデータを参考にして,筆者らが規模のやや大きな仮想的なアンケートデータを乱数で生成したものを,教材として用います.

2.2.4 都道府県別面積データの入手と事前加工

ここでは,総務省統計局から,「都道府県別面積」に関するデータを入手してみます.

演 習　都道府県別面積データの入手と事前加工

実際に以下の手順にしたがって,「都道府県別面積.xlsx」を作成してください.他にも興味のあるデータがあれば,実際にダウンロードして,データベースとして利用可能な形に整形してみましょう.

[手順 1]　パソコンのブラウザを用いて,「総務省統計局」を検索します(図 2.8)(あるいは,直接,総務省統計局の URL を入力する.URL については,脚注 2 を参照).

[手順 2]　次の順にページをたどり,日本の国土に関するデータの一覧表へ移動します(図 2.9).
ホーム＞統計データ＞「分野別一覧」にある日本統計年鑑＞本書の内容＞第 1 章 国土・気象

[手順 3]　この一覧表のページから,「1-7 都道府県別面積」を選択してダウンロードし,適当なフォルダに保存します(保存するフォルダは,お使いのパソコンやブラウザの設定に依存するので,ここでは詳しく述べません).

[手順 4]　ダウンロードしたファイルを Excel で開きます(図 2.10).

---

[2] http://www.stat.go.jp/

図 2.8　総務省統計局のホームページ

図 2.9　国土・気象の一覧表

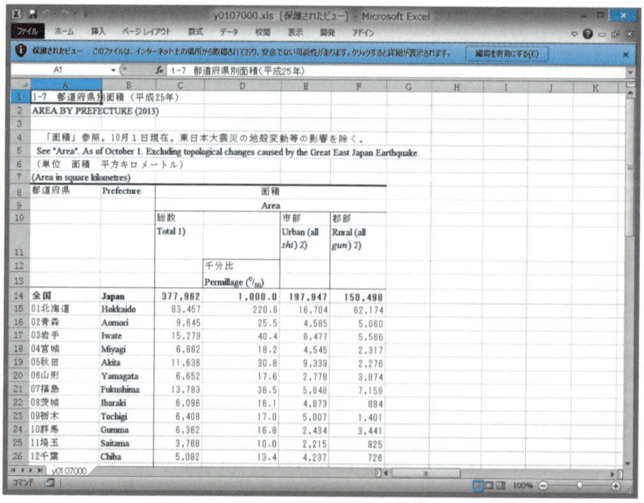

図 2.10　都道府県別面積（Excel）

[手順5] ファイルを開くと「保護されたビュー」と表示されます．これは，インターネットからダウンロードしたデータの取扱いに関する警告です．このままでは編集できないので，「編集を有効にする」ボタンを押します．

[手順6] この状態でも，データを人間が閲覧するだけであれば特に問題はありませんが，「データベース」として利用するためには，余分な注釈，複雑な見出しが邪魔です．Excel を操作して，2.2.2 項で説明した形にデータを整形してください．

① 見出しが複数行にわたっているので，これを整理し，1 行にする
② 注釈行は削除する（表の下部にも注釈があるので，これも忘れずに削除しましょう）
③ 罫線も不要であるので，これも削除する
④ 全国の総計の行（図 2.11 の 14 行目）も削除する
⑤ データが入力されている範囲をすべて選択した上で，表示形式を「標準」とする

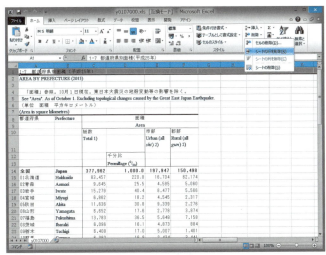

図 2.11　不要な行の削除

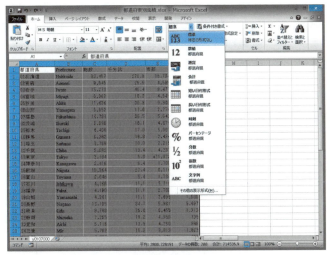

図 2.12　表示形式を「標準」にする

都道府県	Prefecture	総数	千分比	市部	郡部
01北海道	Hokkaido	83457	220.8	16704	62174
02青森	Aomori	9645	25.5	4585	5060
03岩手	Iwate	15279	40.4	8477	5566
04宮城	Miyagi	6862	18.2	4545	2317
05秋田	Akita	11636	30.8	9339	2276
06山形	Yamagata	6652	17.6	2778	3874
07福島	Fukushima	13783	36.5	5648	7158
08茨城	Ibaraki	6096	16.1	4873	884
09栃木	Tochigi	6408	17	5007	1401
10群馬	Gumma	6362	16.8	2434	3441
11埼玉	Saitama	3768	10	2215	925
12千葉	Chiba	5082	13.4	4237	726
13東京	Tokyo	2104	5.6	1322	782
14神奈川	Kanagawa	2416	6.4	1706	589
15新潟	Niigata	10364	27.4	8118	1299
16富山	Toyama	2046	5.4	1734	312
17石川	Ishikawa	4186	11.1	2710	867
18福井	Fukui	4190	11.1	2789	1401
19山梨	Yamanashi	4201	11.1	2695	1506
20長野	Nagano	13105	34.7	5981	5697
21岐阜	Gifu	9768	25.8	8455	1313
22静岡	Shizuoka	7255	19.2	4950	735
23愛知	Aichi	5116	13.5	4250	865
24三重	Mie	5762	15.2	3813	1622

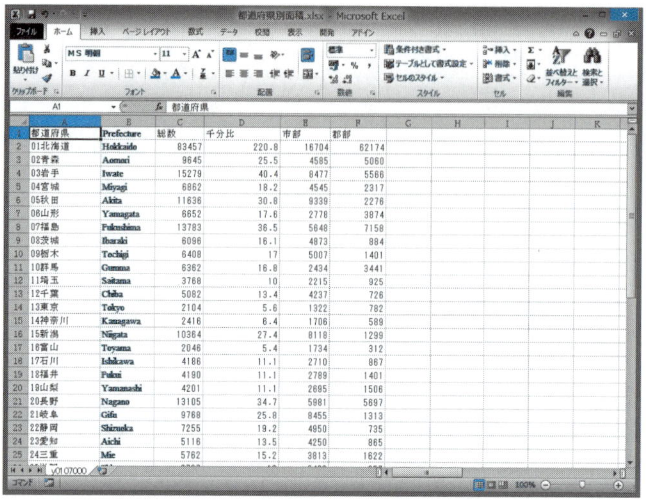

図 2.13　都道府県別面積の完成形

なお，不要な行を取り除いてデータを上に詰める場合は，図 2.11 のように削除対象の行番号をクリックし，「シートの行を削除」すると言う操作をします．

また，入手したデータの「表示形式」が加工されている場合もあります．これが原因でトラブルが起きることがあるので，表示形式を「標準」に戻すことも重要です．

図 2.11〜2.13 のスクリーンショットを参考にしながら，データの事前加工を進めてください．

[手順 7]　最後に，<ファイル>→<名前を付けて保存>とし，<ファイル名>を「都道府県別面積」，<ファイルの種類>を「Excel ブック（*.xlsx）」として，デスクトップなど適当なフォルダに保存してください．なお，保存の際に図 2.14 のような警告がでる場合がありますが，「はい」を選択してください．

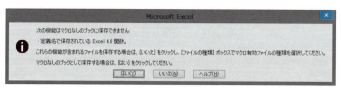

図 2.14　ファイルの保存時に出る警告

2.3 節以降の解説では，この「都道府県別面積（都道府県別面積.xlsx）」の表を用います（事前加工済みの表はサイエンス社のサポートページからも入手できます）．

2.2.5　【補足】CSV ファイルについて

インターネットで公開されるデータや，業務で使用するデータの形式として広く使われているものに，「**CSV ファイル**」があります．

「CSV」とは，「Comma-Separated Values」の略称であり，1 行に 1 件（＝ 1 レコード）のデータが，カンマ（,）区切り形式で並べられたものです．

CSV 形式のデータは，単なる**テキストファイル**（文字コードのみからなるファイル）なので，

Windowsに付属するメモ帳や各種ワープロで作成できます．作ろうと思えば，携帯電話やスマートフォンで作成することもできます．

またデータの形式が単純で，かつ，特定のアプリケーションに依存しない形式なので，複数アプリケーション間でのデータ交換や，データの保存に利用される場合も多いです（ExcelやAccessも，このCSVファイルの読み書きに対応しています）．

以下，Windowsに付属するメモ帳を使って簡単なCSVファイルを作成し，それをExcelに読み込ませてみましょう．

演習 簡単なCSVファイルの作成

以下の手順を実際に実行してください．最後に，Excelブックとして保存したデータのアイコンと，CSVファイルのアイコンの違いを確認しましょう．

［手順1］ 「メモ帳」を起動してください[3]．

［手順2］ 図2.15の内容を入力してください．

図2.15 メモ帳によるCSVファイルの作成

［手順3］ ＜ファイル＞→＜名前を付けて保存＞とし，＜ファイル名＞を「CSV例.csv」，＜ファイルの種類＞を「すべてのファイル（*.*）」として保存してください（図2.16）．保存する場所は，デスクトップなど，適当な場所を選択してください．

図2.16 メモ帳でのCSVファイルの保存時の指定

なお，既存のCSVファイルを再編集する場合は，メモ帳の＜ファイル＞→＜開く＞から読み込めますが，その場合も，ファイルの種類を「すべてのファイル（*.*）」としてください．そうしないと，CSVファイルが見つけられません．

［手順4］ データは，図2.17のようなアイコンとして，保存されるはずです．Excelデータのアイコンと似ていますが，よく見ると「a,」と書いてあります．これは，データがCSV形式で保存されていることを示します．

図2.17 CSVファイルのアイコンの例

［手順5］ このアイコンをダブルクリックするとExcelが起動します（図2.18）．

［手順6］ 以下，通常のExcelデータ同様に編集ができます．注意すべき点は，最後に＜名前を付けて保存＞する際に，＜ファイルの種類＞を「Excelブック（*.xlsx）」に変更することです．CSVファ

---

[3] メモ帳の場所は，Windowsのバージョンによって異なります．Windows7まで，あるいはWindows10であれば，＜スタートボタン＞→＜すべてのプログラム＞→＜（Windows）アクセサリ＞に入っています．Windows8または8.1であれば，＜アプリ＞のメニューから開くことができます．

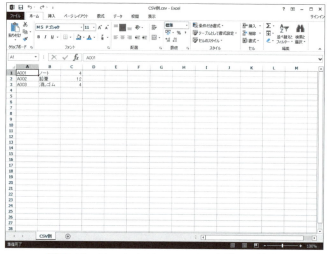

図 2.18　Excel で CSV ファイルを開いた状態

イルは，原則として「文字しか」保存できませんので，各種の書式，グラフ，数式が保存できません．<ファイルの種類>を変更することで，通常の Excel 形式にする必要があります．

2.3　データの検索と置換

Excel には，データの検索と置換のための手段が，複数用意されています．表 2.1 は，その主なものをまとめたものです．それぞれ，長所・短所があるので，必要に応じた使い分けが重要です．

ここでは，まず比較的操作が簡単なリボンの「**検索と置換**」，「**フィルター**」を用いる方法を解説します．「関数を用いる方法」については，この章の後半のアンケートデータの処理のところで説明します．

表 2.1　検索と置換のための手段

方法	リボンの「検索と置換」メニューを用いる方法	リボンの「フィルター」を用いる方法	関数を用いる方法
特徴	1 回だけ検索すればよいのであれば，手軽．ただし，何回も検索するのであれば，煩雑	何回も検索したり，条件を少しずつ変えながら検索する場合に有効	自動処理に向いている（VLOOKUP 関数など）
データの形式	データの形式が整っていなくてもよい	基本的に，第 1 行目が見出し（タイトル）となっている必要がある	データの形式が完全に整形済みである必要がある
検索できる条件	あらかじめ用意された条件のみ	列ごとに範囲を指定するなど複数条件の組み合わせが可能	任意（マクロの組み方次第）

2.3.1 リボンの「ホーム」タブの編集メニューを用いる方法

リボン上の「ホーム」タブにある「**検索と置換**」メニューを用いることで，基本的な検索，置換操作が実行できます．

演習 「ホーム」タブの「検索と置換」

以下の手順を実際に実行してください．また，他の文字の検索・置換の練習をしましょう．

まず，都道府県別面積.xlsx から，「川」を含むセルを検索します

[手順1] 都道府県別面積（都道府県別面積.xlsx）を開きます．
[手順2] A1 セルをクリックします．
[手順3] 「ホーム」タブの<検索と選択>→<検索>を選択します（図 2.19）．
[手順4] 検索したい文字列（ここでは「川」）を入力し，「すべて検索」ボタンを押します．

このようにすることで，「川」と文字を含むセルがリストアップされ，検索結果の一覧表をクリックすれば，該当のセルが表示されます（図 2.20）．

続いて，都道府県別面積.xlsx から，「川」を含むセルを検索し，「川」を「かわ」に置換してみます．

図 2.19　リボンの検索メニュー

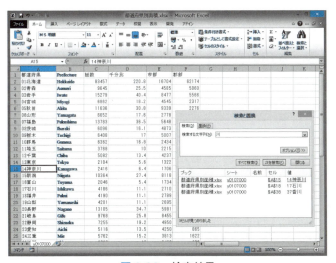

図 2.20　検索結果

[手順5] 「川」が検索されている状態で「置換」タブに切り替えます．
[手順6] 「置換後の文字列」に「かわ」と入力します．
[手順7] この状態で，「すべて置換」をクリックすると，検索されている「川」がすべて「かわ」に置換されます（図 2.21）．また，「置換」をクリックすると，現在選択されている「川」だけが「かわ」に置換されます．「次を検索」をクリックすれば，置換せずに次の「川」を探します．
[手順8] 同様にして，他の文字も検索・置換する練習をしてください．

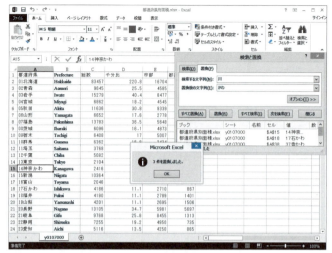

図 2.21 「すべて置換」の結果

［手順 9］ 最後に，このままではデータが変更されてしまっているので，「保存せずに終了」してください．

なお，一定範囲を選択してから上の操作をすると，その範囲内が検索・置換の対象となります．特に，列番号の（例えば「A」列）を選択すると，その列だけが対象になります．これも大変便利な機能なので，ぜひ活用してください．

2.3.2 フィルターを用いる方法

Excel には，条件に合致する行だけを表示する「フィルター」と言う機能が備わっています．これを用いてみましょう．

演 習 「フィルター」による検索

以下の手順を実際に実行してください．また，フィルターの条件をいろいろ変えてください．複数列にフィルターの条件を設定し，複合的な検索を行いましょう．

● 文字列による検索

［手順 1］ 都道府県別面積（都道府県別面積.xlsx）を開きます．
［手順 2］ A1 セルをクリックします（Excel にはフィルターをかける範囲を自動的に選択する機能があります．しかし，ユーザの意図とは違った範囲が選択されてしまう場合があるので，フィルターの見出しにしたい行を含むセルを指定した方が確実です）．
［手順 3］ 「データ」タブの＜並べ替えとフィルター＞→＜フィルター＞を選択します（図 2.22）．
［手順 4］ タイトル行に下向き矢印ボタン「▼」（ドロップダウンメニュー）が現れます．
［手順 5］ 図 2.23 のように，A1 セルのドロップダウンメニューを開きます．

図 2.22　リボンのフィルター機能

図 2.23　フィルターの文字列検索メニュー (1)

このメニューからは
・特定の値のセルを含む行の選択
・並べ替え（ソート）[4]

などができます．ここでは，行の選択を行ってみます．

[手順 6]　都道府県名に「山」を含む行のみを表示してみましょう．「検索」とあるテキストボックスに「山」を入力し<OK>を押します．結果は図 2.24 の通りとなります．

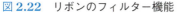
図 2.24　フィルターによる文字列検索結果 (1)

[手順 7]　続いて，都道府県名が「山」で終わる行のみを表示してみましょう．先ほどと同じように A1 セルのドロップダウンメニューを開き，<テキストフィルター>の<ユーザー設定フィルター>を選択します．オプション入力ウィンドウが開くので，テキストボックスに「山」と入力し，右のドロップダウンメニューから「で終わる」を選択し，<OK>を押します（図 2.25）．

　結果は図 2.26 のようになります．

[手順 8]　ここで，いったん検索条件をクリアして，すべての行を表示するために，A1 のドロップダウンメニューから<"都道府県"からフィルターをクリア>を選択します．

---

[4] リボンの「並べ替え」ボタンからも同等の操作ができます．操作方法は，次節で説明します．

図 2.25 フィルターの文字列検索メニュー（2）

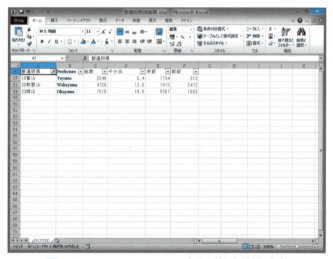

図 2.26 フィルターによる文字列検索結果（2）

● **数値による検索**

次に，数値範囲を指定する方法を試してみましょう（[手順 8]から続けて操作します）．

[**手順 9**] C1（総数）のドロップダウンメニューから<数値フィルター>→<指定の値以上>を選択します（図 2.27）．オプション入力ウィンドウが開くので，テキストボックスに「10000」と入力し，<OK>を押します（図 2.28）．

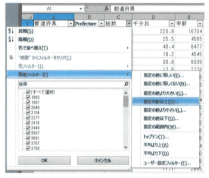

図 2.27 フィルターの数値検索メニュー

図 2.28 フィルターの検索数値範囲の指定

結果は図 2.29 に示すように，10,000 km^2 以上の面積の都道府県だけが表示されます．

このフィルター機能は列ごとに設定でき，かつ，かなり細かな条件も指定できます．実用上は，このフィルター機能で十分な場合も多いと思われます．

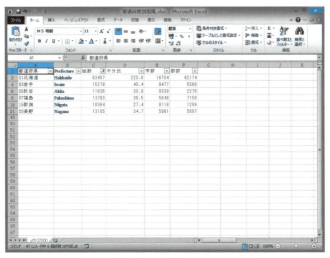

図 2.29　フィルターの数値検索結果

2.4　データの並べ替え（ソート）

2.4.1　データの並べ替えにおける留意点

　データを数値の大小やアルファベット順などの一定の順番で並べ替えることをソート（sort，整列）と呼びます．データ処理の基本操作の1つです．

　ここで注意すべき点は，「オリジナルのデータを直接操作するかどうか」です．これは，データの並べ替えに限らず，データベースを用いた実務では，大変重要なことです．

　オリジナルのデータを直接操作する方法は，直観的で分かりやすいのですが，何らかの理由で「元の順に戻したい」場合などに困るときがあります．

　一方，オリジナルのデータには直接手を触れずに，データのコピーを操作する方法があります．この方法は，オリジナルに手を触れない，と言う点では安全ですが，注意しないとデータの一貫性が崩れてしまう場合があります．

　もう1つ，オリジナルのデータとリンクさせながら，並べ替えたデータを生成する，と言う方法もあります．この方法は，コピーする場合と同様にオリジナルに手を触れない，と言う点では安全ですが，Excelの数式・関数機能に関するある程度の知識が必要です．

　実務では，これらの機能を臨機応変に使い分けることが求められます．

2.4.2　「データ」タブの「並べ替え」メニュー

　Excelでのデータの並べ替えは，多くの場合，Excelに元々備わっている「並べ替え」メニューを使うことが多いと思われます．ここでは，この「並べ替え」の基本操作を学びます．

　まず，上で述べた「オリジナルのデータを直接操作する」方法で，データを都道府県の大きい順にソートしてみます．

演習 都道府県の面積の大きい順にソートする方法

以下の手順を実際に実行してください．また，並べ替えのキーになる列や，昇順・降順を変えてみて，異なる並べ替えを行いましょう．

[手順1] 都道府県別面積（都道府県別面積.xlsx）を開きます．
[手順2] A1セルをクリックします．フィルターの場合と同様に，ソートする範囲を確実に指定するために，見出しにしたい行を含むセルを指定します[5]．
[手順3] <データ>タブを選択します．
[手順4] <並べ替え>を選択します．
[手順5] 「並べ替え」ダイアログボックスが現れるので，その中の<最優先するキー>に「総数」（総面積のこと）を，<順序>に<降順>（小さくなる順）を選択し，「OK」をクリックします（図

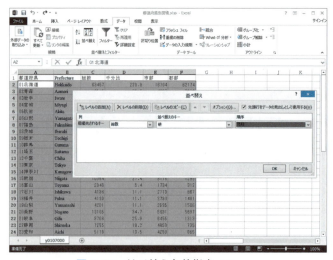

図2.30 並べ替え条件指定メニュー

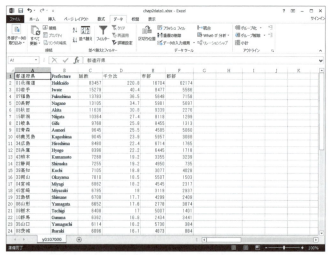

図2.31 ソートの結果

---

[5] 表の一部のみをソートしたい場合は，その範囲をドラッグして指定します．

2.30).結果は,図 2.31 のように都道府県の面積の大きい順にソートされます.

[手順 7] この方法は,直観的で分かりやすいのですが,最初に述べたように,オリジナルのデータを直接操作しています.次に,「オリジナルのデータをコピーする」方法と「オリジナルのデータとリンクさせる」方法を学びます.そのため,いったん,「保存せずに終了」してください.

演習 データをコピーしてから操作する方法

次に,オリジナルのデータに手を触れずに,コピーを操作する方法です.以下の手順を実際に実行してください.手順実行後に,コピー元のデータのある「y0107000」と言う名前のシートと,コピー先の「Sheet1」と言うシートの内容を比較しましょう.

[手順 1] 都道府県別面積(都道府県別面積.xlsx)を開きます.
[手順 2] データが入力されている範囲をドラッグします(A1:F48 の範囲).
[手順 3] キーボードから Ctrl+C(または「ホーム」タブ上のコピーボタン）により,選択範囲のデータをコピーします.
[手順 4] シート下側の ⊕ ボタンを押して新しいシートを追加してください.
[手順 5] Ctrl+V または<貼り付け>ボタンを押して,データを貼り付けます.
[手順 6] これ以降の手順は,上で説明した「都道府県の面積の大きい順にソートする」の[手順 2]以降と全く同じになります.コピーを操作しているので,オリジナル(「y0107000」と言う名前のシート)は全く変更されません[6].

演習 オリジナルのデータとリンクさせる方法

続いて,オリジナルのデータとリンクさせたデータを操作する方法です.以下の手順を実際に実行してください.手順実行後に,リンク元のデータのある「y0107000」と言う名前のシートと,リンク先の「Sheet1」と言うシートの内容を比較してみましょう.「y0107000」のデータを変更してみて(例えば,「北海道」→「ほっかいどう」),リンク先の「Sheet1」シートの内容がどう変化するか確認しましょう.

[手順 1] 手順は「データをコピーしてから操作する方法」と全く同じ手順になります.そちらを参照してください.

違いは,[手順 5]<貼り付け>の際に,図 2.32 のようにドロップダウンメニューを開いて,<リン

図 2.32 リンク貼り付け

---

[6] なお,[手順 1]から[手順 5]を実行する代わりに,シート名の「y0107000」タブを右クリックして,そこにある「移動またはコピー」のダイアログを用いコピーを作成しても,同等の操作ができます.

ク貼り付け>を選ぶ点です．

　こうすることで，各セルにはオリジナルのデータへのリンク（具体的には，「='y0107000'!A1」と言うような別シートのセルを参照する式）が入ります．これを確認するために，オリジナルのシート（「y0107000」と言う名前のシート）のデータを適当に変更してみてください．何もしなくても，コピーされたシートのデータも変更されます．

　以上で述べてきた「並べ替え」と「フィルター」機能をうまく用いれば，一般的な事務処理・統計処理に必要なデータの検索・並べ替えのかなりの部分はまかなえます．また，オリジナルのデータを直接変更するのか，コピーして利用するのか，リンクさせるのか，この点も常に注意してください．

2.5　大規模データ処理用のデータベース学習用サンプルデータと，その入手

　次節以降の学習で用いるためのデータを，サイエンス社のサポートページに用意してあります[7]．このデータは，総務省統計局が公開している「学校基本調査」のデータと，文部科学省の中央教育審議会で公開されている大学生の自宅学習時間に関するデータ[8]を参考にして，やや規模の大きな架空のアンケートデータを乱数で生成したものです．なお，この教材は，あくまでもExcelの機能学習用に筆者らが独自に作成したものであり，現実のデータとは異なるものである点，元のアンケートとは全く無関係である点に，くれぐれも留意してください．

　なお，このデータは，図2.33のようなアンケートを実施し，その結果1万件分の個票データを得

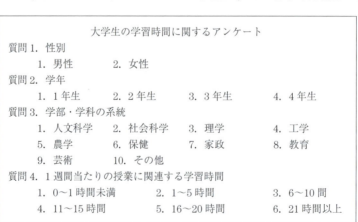

図2.33　架空のアンケート調査の調査用紙

---

[7] データの入手方法は p. iv をご覧ください．
[8] http://www.mext.go.jp/b_menu/shingi/chukyo/chukyo4/siryo/attach/1323908.htm．文部科学省トップ＞政策・審議会＞審議会情報＞中央教育審議会＞大学分科会＞これまでの議事要旨・議事録・配付資料の一覧はこちら＞大学分科会（第108回）・大学教育部会（第20回）合同会議　配付資料＞資料3-2　関連データ．

た，と言う想定になっています．また，誤入力データはないという前提です．Excelの練習用のアンケートなので，質問項目などは簡略化してあります．

ここで，「個票」と言うのは，アンケート調査などの個別の回答用紙やその結果のことです．「ミクロデータ」と呼ばれる場合もあります．

演習 学習用サンプルデータの入手

上で説明した学習用サンプルデータを入手してください．

[手順1] サイエンス社のサイトからサンプルデータをダウンロードして，手元のパソコンに保存してください．

[手順2] ダウンロード後，「第2章」のフォルダの中の「アンケート.xlsx」を開いてみて，図2.34のように表示されれば正常です．

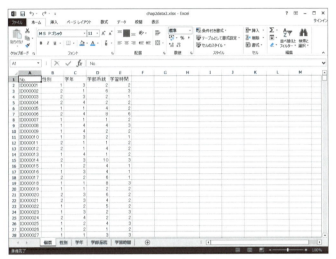

図2.34 架空アンケートのデータ（アンケート.xlsx）

2.6 データの集計（単純集計とクロス集計）

「**単純集計**」とは，その名の通り，アンケートであれば質問項目ごとに件数を集計したものです．

一方「**クロス集計**」とは，縦・横（行・列）に別々の属性を指定して集計したものです．例えば，図2.35のようなものです．

両者とも，統計的な分析の基本となるものです．

		性別	
		男性	女性
学年	1	56	45
	2	78	91
	3	34	87
	4	76	54

図2.35 単純なクロス集計表

2.6.1 Excelの集計機能の概略

データの集計を行う場合，代表的な手法として，Excel に備わっているピボットテーブルを用いる方法と，関数を用いる方法の2つが考えられます．

前者は簡単な操作でかなり複雑な集計ができる反面，融通が利かない場合もあります．後者は，ユーザが集計の手順や計算法をいちいち指定しなければなりませんが，ユーザの意図した結果を得やすいと言う特徴があります．

2.6.2 ピボットテーブルによるデータの単純集計

まず，ピボットテーブルを用いて，性別のデータ数を単純集計してみましょう．

演 習 ピボットテーブルによるデータの単純集計

以下の手順を実際に実行してください．

[手順1] 「アンケート（アンケート.xlsx）」を開きます．

[手順2] <挿入>タブの<ピボットテーブル>を選択し，<OK>を押します（図2.36）．

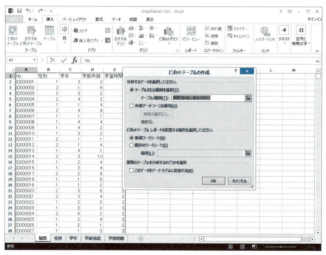

図 2.36 ピボットテーブルの挿入

[手順3] 「ピボットテーブルのフィールド」一覧から，右下にある「ボックス」（使用するデータの指定欄）に，使用するフィールドをドラッグ＆ドロップします．具体的には「性別」のフィールドをボックスの「行」に，「No.」のフィールドをボックスの「値」に，それぞれにドラッグ＆ドロップします（図2.37．「No.」や「性別」チェックボックスのチェックは，自動的に入ります）．

なお，「値」に追加するフィールドは，「集計対象となるデータ」です．合計や平均値といった何かの計算をする場合は，その計算対象のフィールドを指定する必要があります．今回は，「データの個数」が分かればよいので，実はどのフィールドを用いても同じ結果になります．

[手順4] 「値」のフィールドは，何もしなくても「データの個数/No.」となっているはずです．もし違っていたら，ドロップダウンメニューから<値フィールドの設定>を選択し，<データの個数>を指定します（図2.38）．

[手順5] これで，「性別」に関する単純集計表が作成されます（図2.39）．

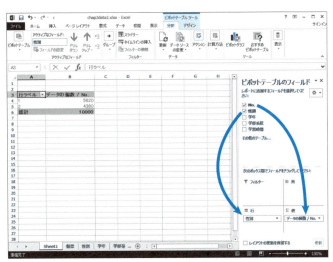

図 2.37　ピボットテーブルに使うフィールドの指定

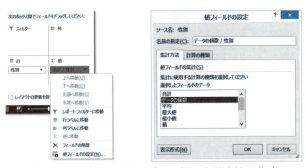

図 2.38　ピボットテーブルの値の集計方法の指定

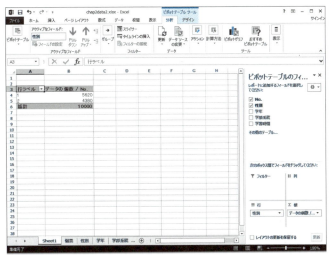

図 2.39　性別に関する単純集計表（ピボットテーブル版）

[手順6] 続いて「学年」に関する単純集計表を，「性別」の下に作成します．まず，<個票>タブを選択しておいてから，先ほどと同じように，<挿入>タブから<ピボットテーブル>を指定します．ただし，今度は，ピボットテーブルの作成メニューで，<既存のワークシート>を選択し，挿入する場所として，Sheet1 の A8 セルを指定します（図 2.40．Sheet1 を開いて A8 セルをクリックしてください）．

図 2.40 ピボットテーブルの挿入（挿入先指定）

[手順7] 先ほどと同様に，「ピボットテーブルのフィールド」一覧から「学年」のフィールドをボックスの「行」に，「No.」のフィールドを「ボックスの値」に，それぞれにドラッグ＆ドロップします（図 2.41）．「値」のフィールドは，何もしなくても「データの個数/No.」となっているはずです．もし違っていたら，性別のときと同様に，ドロップダウンメニューから<値フィールドの設定>を選択し，<データの個数>を指定します．

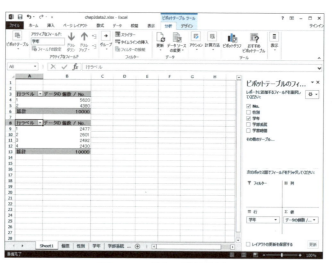

図 2.41 学年の単純集計

[手順8] 同様の手順で，学部系統・学習時間の単純集計表を作成してください．
[手順9] 最後に，「アンケート単純1（アンケート単純1.xlsx）」と言う名前で保存してください（図 2.42）．

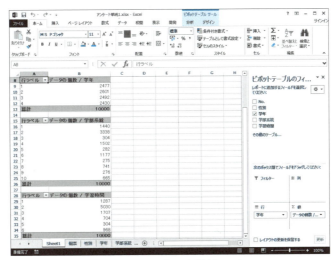

図 2.42 アンケート単純 1.xlsx

2.6.3 ピボットテーブルの制約

以上で説明したように，ピボットテーブルは縦・横（行・列）の見出しのある表を自動的に簡単に作成できます．

ただし自動化による制約もあり，特に問題となるのが，ラベル（見出し）の順番や名称が，なかなか思うように指定できない，と言う点です．

例えば，上の例であれば，「性別」で，「1」，「2」と言う番号ではなくて，「男性」，「女性」と言う見出しにしたい場合などは，困ってしまいます．

現実問題として，「作成したピボットテーブルをコピーし，値として貼り付け，その後，手動で直す」と言う手段を取るのが，労力から考えて現実的かもしれません．

さもなければ，後で述べるように，データを事前処理して，使いやすい形に加工する必要があります．

演習 ピボットテーブルのコピーと変更

前項で作成したピボットテーブルによる単純集計表をコピーして，見出しを変更してみましょう．

[手順1] 「アンケート単純1（アンケート単純1.xlsx）」を開きます．
[手順2] ＜Sheet1＞タブを選択します．
[手順3] A3:B6 の範囲をコピーします（図2.43．範囲を選択しておいてから Ctrl+C としてください）．
[手順4] シート下側の ⊕ ボタンを押して新しいシート（Sheet2）を追加してください．
[手順5] ＜Sheet2＞タブを選択し，A1をクリックしてから，値として貼り付けてください（図2.44）．
[手順6] 見出しなどを適宜修正してください（図2.45）．

第 2 章 Excel によるデータベースの活用

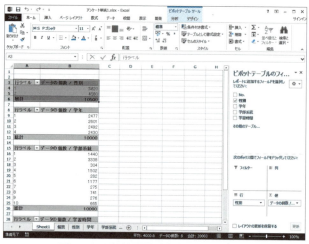

図 2.43 単純集計表のコピー範囲の選択

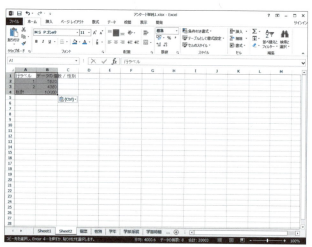

図 2.44 単純集計表を「値として」貼り付け

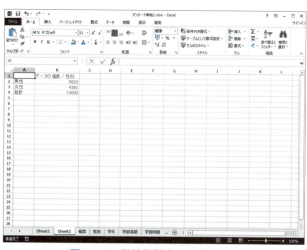

図 2.45 単純集計表の見出しの修正

2.6.4 関数によるデータの単純集計

今度は，関数を用いて，性別のデータ数を**単純集計**してみましょう．単純集計は，条件に合うセルの個数をカウントする Excel の **COUNTIF 関数**を用いることで容易に実施できます．

> COUNTIF（範囲，検索条件）
> 1 つの検索条件に一致するセルの個数を返します．
> 　　範囲　…　個数を求めるセルのグループを指定します．範囲には，数値，配列，または数値を含むセル参照を指定できます．例えば，セル A1 から A10 の範囲であれば，A1:A10 のように指定します．
> 　検索条件　…　個数の計算対象となるセルを決定する条件を，数値，式，セル参照，または文字列で指定します．例えば，数値として 32，比較演算子として ">32"，セル参照として B4，文字列として "リンゴ" などを指定できます．

なお，Excel には「データベース関数」と呼ばれる一連の関数が用意されています．例えば，**DCOUNT 関数**を使えば，COUNTIF 関数と同等の機能が実施できます（付録参照）．

演 習　COUNTIF 関数によるデータの単純集計

以下の手順を実際に実行してください．

[手順 1]　「アンケート（アンケート.xlsx）」を開きます．
[手順 2]　<性別>シートを選択します．
[手順 3]　C1 セルに「件数」，B4 セルに「計」と入力します．
[手順 4]　C2 セルをクリックし，関数ウィザード（「ホーム」タブのオート SUM（Σ）ボタンの横の▼を押して<その他の関数>を選択）を起動して，「関数の分類」から<統計>を選択し，COUNTIF 関数を指定します（図 2.46）．

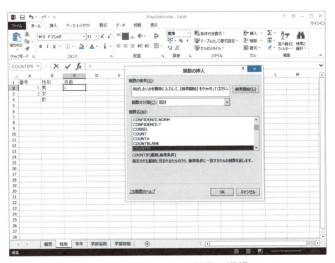

図 2.46　COUNTIF 関数の選択

[手順 5]　関数ウィザードの<範囲>をクリックしてから，<個票>シートをクリックし，列名の「B」をクリックして，B 列全体を選択します（図 2.47）．

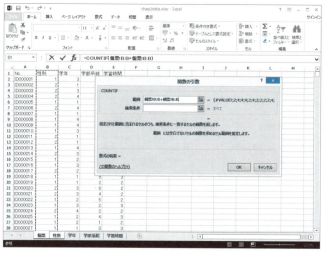

図 2.47　COUNIF 関数の集計範囲の指定

[手順 6]　＜検索条件＞をクリックして，＜性別＞シートの A2 セルをクリックし，＜OK＞ボタンを押します（図 2.48）．

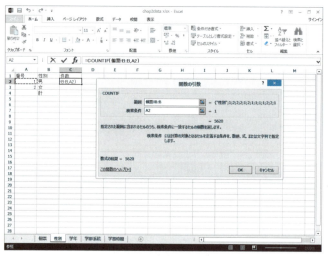

図 2.48　COUNIF 関数の検索条件の指定

[手順 7]　C2 セルのハンドル（セルの右下の部分）をドラッグして，C3 にコピーします．
[手順 8]　C4 セルを選択し，＜ホーム＞タブのオート SUM（Σ）ボタンを押します（図 2.49）．以上で，「性別」に関する単純集計表は完成です．
[手順 9]　同様の手順で，学年，学部系統，学習時間の単純集計表を作成してください．
[手順 10]　最後に，「アンケート単純 2（アンケート単純 2.xlsx）」と言う名前で保存してください（図 2.50）．

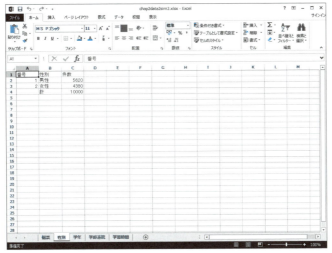

図 2.49 性別に関する単純集計表（関数版）

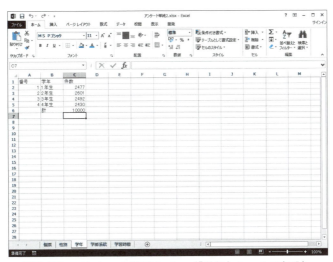

図 2.50 アンケート単純 2.xlsx（「学年」シートの部分）

2.6.5 ピボットテーブルによるクロス集計

ここでは，「性別」と「学年」に関する，もっともシンプルな形のクロス集計表を作成します．

演 習　ピボットテーブルによるクロス集計

以下の手順を実際に実行してください．また，他の項目間（例えば，学部系統と学年）でも，クロス集計表を作成してください．

[手順 1]　「アンケート（アンケート.xlsx）」を開きます．
[手順 2]　＜挿入＞リボンの＜ピボットテーブル＞を選択し，＜OK＞を押します．
[手順 3]　「ピボットテーブルのフィールド」一覧から，「性別」のフィールドをボックスの「列」に，「学年」のフィールドをボックスの「行」に，「No.」をボックスの「値」に，それぞれにドラッ

グ＆ドロップします．

[**手順4**] 「値」のフィールドは，何もしなくても「データの個数/No.」となっているはずです（図2.51）．もし違っていたら，ドロップダウンメニューから<値フィールドの設定>を選択し，<データの個数>を指定します．

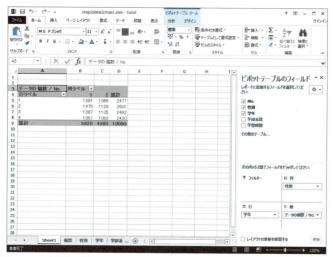

図 2.51　性別と学年に関するクロス集計表（ピボットテーブル版）

[**手順5**]　最後に，「アンケートクロス1（アンケートクロス1.xlsx）」と言う名前で保存してください．

実は，これだけの操作で，（見出しが数字で分かりにくいと言う欠点はありますが）性別と学年に関するクロス集計表ができてしまいます．

2.6.6　関数によるクロス集計

今度は，関数を用いて，性別と学年のデータ数を**クロス集計**してみましょう．クロス集計は，複数の条件に合うセルの個数をカウントする Excel の **COUNTIFS 関数**（COUNTIF ではありません．最後の「S」に注意）を用いることで容易に実施できます．

```
COUNTIFS (条件範囲1, 検索条件1, [条件範囲2, 検索条件2], …)
```
複数の範囲と条件を指定し，すべての条件に一致したセルの個数を返します．

　　　条件範囲1　…　必ず指定します．対応する条件による評価の対象となる最初の範囲を指定します．
　　　検索条件1　…　必ず指定します．計算の対象となるセルを定義する条件を数値，式，セル参照，または文字列で指定します．例えば，条件は 32,">32", B4,"Windows"，または "32" のようになります．
　　　条件範囲2, 検索条件2以降　…　省略可能です．追加の範囲と対応する条件です．

演習 関数によるクロス集計

以下の手順を実際に実行してください．また，他の項目間（例えば，学部系統と学年）でも，クロス集計表を作成してください．

[手順 1] 「アンケート（アンケート.xlsx）」を開きます．

[手順 2] シート下側の ⊕ ボタンを押して新しいシートを追加してください．

[手順 3] <学年>タブを選択し，A2:B5 の範囲を選択・コピーし，新しいシート（<Sheet1>タブ）の A3:B6 の範囲に貼り付けてください（1 行下にずれる点に注意）．

[手順 4] <性別>タブを選択し，A2:B3 の範囲を選択・コピーし，新しいシート（<Sheet1>タブ）の C1 の位置で，<貼り付け>，<行列を入れ替える>としてください（図 2.52 左の矢印が指すボタンを使います）．

図 2.52　クロス集計表の準備

[手順 5] B7 と E2 に「総計」と入力してください．

[手順 6] C3 セルをクリックし，関数ウィザード（<ホーム>タブのオート SUM（Σ）ボタンの横の▼を押して<その他の関数>を選択）を起動して，「関数の分類」から<統計>を選択し，COUNTIFS 関数を指定してください．

[手順 7] 関数ウィザードの<検索条件範囲 1>を選択してから，<個票>タブに切り替え，性別の入っている B 列全体を選択（列名の「B」をクリック）し，F4 キーを押してください．「個票!$B:$B」のように，「$」が付くはずです．これは，「セルの**絶対参照**」と呼ばれる機能で，後で，「数式をコピーしたときに，頭に $ が付いている列名・行番号を変更しない」と言う働きをします．

[手順 8] <検索条件 1>を選択してから，<Sheet1>タブの C1 をクリックし，F4 キーを数回押して，「C$1」のように，「1」の前にだけ「$」が付くようにしてください．

[手順 9] <検索条件範囲 2>が自動的に追加されるはずです．これを選択してから，<個票>タブに切り替え，学年の入っている C 列全体を選択し，F4 キーを押して「個票!$C:$C」としてください．

[手順 10] <検索条件 2>を選択してから，<Sheet1>タブの A3 をクリックし，F4 キーを数回押して，「$A3」のように，「A」の前にだけ「$」が付くようにしてください．最終的に図 2.53 のような条件指定となります．最後に<OK>を押してください．

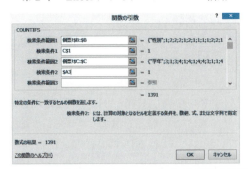

図 2.53　クロス集計のための COUNTIFS 関数の引数指定

［手順11］　C3 のセルを選択し，ハンドル（セルの右下のコーナー）をドラッグして，クロス集計表を完成させてください（最初に下に 3 行分ドラッグし，いったんボタンを離してから，右に 1 列分ドラッグします）．

［手順12］　オート SUM（Σ）ボタンを使って，「計」の列と行を完成させましょう．

［手順13］　最後に，「アンケートクロス 2（アンケートクロス 2.xlsx）」と言う名前で保存します（図 2.54）．

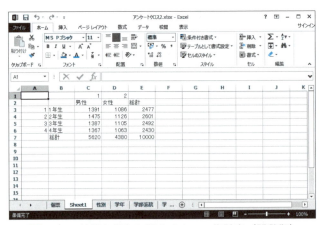

図 2.54　性別と学年に関するクロス集計表（関数版）

このように，適切に絶対参照を指定すれば，1 つのセルに数式を入力するだけで，後はコピーするだけで複数のセルの数式を指定できます．

2.6.7　ピボットテーブルと関数のクロス集計機能の違い

ピボットテーブルの場合は，データの個数以外にも，合計，平均，最大値，パーセンテージといったさまざまな集計方法が準備されています．関数の場合は，合計と平均に関しては，**SUMIFS 関数**，**AVERAGEIFS 関数**などがあります．その他の場合は，中間結果を別に保持したり，IF 関数と論理関数を組み合わせるなど，工夫が必要となります．

2.7 データの多元的分析（多元集計と層別分析）

前節までは，単純な集計を例にとって解説してきました．この節では，より複雑な集計作業に取り組みます．

例えば，教材で用いている疑似アンケートで，「学部・学科系統，性別ごとに学習時間にどのような傾向があるのか」を分析してみたいと思います．

このような分析をするためには，複数の階層に分けたクロス集計表を作成する「**多元集計**」や，特定の条件を満たすデータだけを抜き出して分析する「**層別分析**」を行う必要があります．

2.7.1 データの事前加工

前節でも利用したサンプルとして用いている仮想アンケートのデータは，図 2.55 のような回答番号の数字の羅列です．これをそのまま集計しても，項目の内容が非常に分かりにくい表となってしまいます．また，特にピボットテーブルによる分析では，項目の並び順を自由に指定するのが，かなり面倒です．

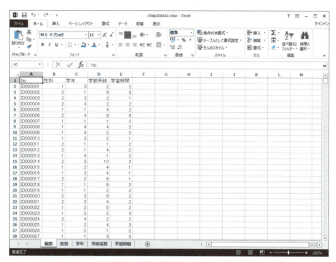

図 2.55　仮想アンケートのデータ（事前加工前）

そこで，
- データを人間が見て理解しやすくするため
- 項目を意図した順番に並べるため

に，仮想アンケートのデータを事前加工しましょう．

演　習　　仮想アンケートのデータの事前加工

以下の手順を実際に実行してください．

[手順1]「アンケート（アンケート.xlsx）」を開きます．

[手順2] <個票>タブの1行目の見出しを，図2.56のように変更します（元々の数字データの方に「N」を付けます．F1からI1に新たな見出しを追加します）．

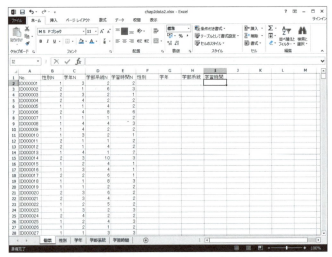

図2.56 仮想アンケートデータの見出しの変更

[手順3] F2をクリックし，続いて関数ウィザードを起動し（<ホーム>タブのオートSUM（Σ）ボタンの右の「▼」から，<その他の関数>を選択），「関数の分類」を<検索/行列>とし，<VLOOKUP>を選択します（図2.57）．

図2.57 VLOOKUP関数の選択

VLOOKUP（検索値，範囲，列番号，［検索の型］）

指定された範囲のセルの左端の列を検索し，検索値が見つかった場合は，指定された列番号の値を返します．

- 検索値 … 検索の対象となる値です．
- 範囲 … VLOOKUPが，検索値と戻り値を検索するセル範囲です．
- 列番号 … 戻り値を含む列の番号．範囲の左端の列が1になります．
- 検索の型 … VLOOKUPを使用して検索値と完全に一致する値だけを検索するか，その近似値を含めて検索するかを指定する論理値です．TRUEを指定すると，左端列は数字または英字を基準に昇順に並べ替えられているものとみなされ，検索値にもっとも近い値が検索されます．この引数を省略した場合は，TRUEが指定されたものとみなされます．FALSEを指定すると，左端列から検索値と完全に一致する値が検索されます．

VLOOKUP 関数は，表形式のデータの一番左の列を上から検索して，対応するデータが見つかったら，指定された列のデータを返す関数です．詳しくは，Excel のマニュアルなどを参照してください．

[手順 4]　関数ウィザードの「検索値」に B2 を指定します．

[手順 5]　関数ウィザードの「範囲」は，<性別>タブの A2:B3 をドラッグして指定します．その後，F4 キーを押して，「性別!$A$2:$B$3」のように絶対参照（「$」付の指定）にします（図 2.58）．これは，後でコピーしたときに性別の範囲がずれないようにするためです．

[手順 6]　関数ウィザードの「列番号」は＜2＞，「検索方法」は＜FALSE＞とします（図 2.58）．最後に＜OK＞を押します．

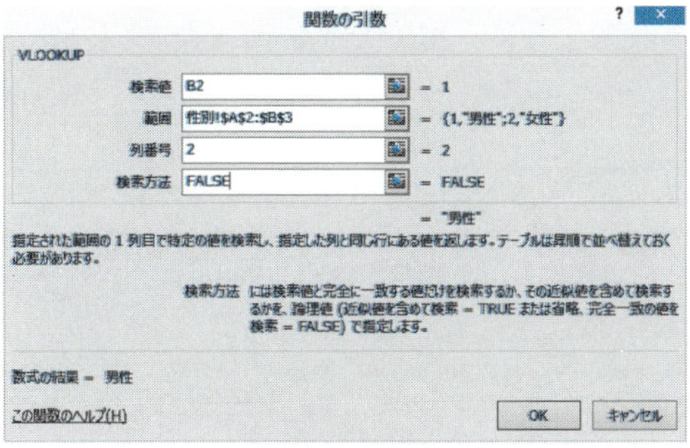

図 2.58　VLOOKUP 関数の引数の指定

[手順 7]　これで，F2 のセルに「男性」と表示されるはずです．「1」と表示されるより「男性」と表示される方が分かりやすいのですが，後でピボットテーブルを作成する際に，項目の順番が変わってしまう場合があります．ピボットテーブルでは，基本的に項目名の文字コードの昇順または降順で並べ替えて（ソートされて）表示されるためです．

これを防ぐためには，「1:男性」のように，項目の見出し文字列の先頭に，並べ替え（ソート）の手がかり（キー）となる数字やアルファベットなどを付加する，と言うテクニックを使います．

[手順 8]　F2 セルをクリック後，「数式バー」の部分を図 2.59 のように変更してください．「=」の直後に，「TEXT(B2, "0:")&」と言う文字列を追加します．

≪変更前≫
=VLOOKUP(B2,性別!$A$2:$B$3,2,FALSE)

≪変更後≫
=TEXT(B2,"0:")&VLOOKUP(B2,性別!$A$2:$B$3,2,FALSE)

図 2.59　項目見出しにソートのキーを付加

TEXT（値，表示形式）
表示形式で指定した書式指定にしたがって，値を文字列に変換します．

　　　値　…　数値，数値に評価される数式，または数値を含むセルへの参照を指定します．
　表示形式　…　書式文字列に指定します．いろいろな書式がありますので，詳しくは Excel のマニュアルを参照してください．ここで使用する書式文字列については，本文の説明を参照してください．

ここで追加した **TEXT関数** は，第1引数で指定された数値を文字列に変換する関数です．

第2引数で変換書式を指定します．「0」は数値を対応する文字列に変換します．「0」を複数並べると，桁数が足らない場合は先頭に「0」が付加されます．例えば，

TEXT(12, "0000") → "0012"

と言う文字列に変換されます．「0」の後ろにコロン「:」は，書式変換の機能は特にありませんので，そのまま表示されます．

次の「&」は文字列を連結する演算子です．

[手順9] 同様の手順で，G2からI2の「学年」，「学部系統」，「学習時間」も数字＋文字列が表示されるようにしてください．なお，学部系統は，「10 その他」がありますので，TEXT(D2, "00:") のように数値部分が2桁で表示されるようにしてください．また，列の幅は，見やすいように適当に調節してください（図2.60）．

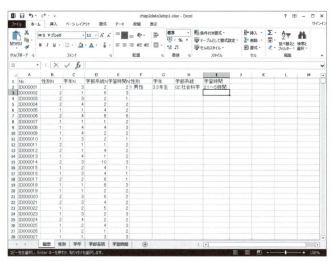

図2.60 ソートのキーを付加した回答項目

[手順10] 先頭行は完成したので，これを次行以降にコピーすれば完成です．しかし，1万行をマウスのドラッグでコピーするのは大変です！

次のようにします．まず，F2:I2を選択してコピーします．次に，図2.61の左上隅の「名前ボックス」に「F3:I10001」と入力し，キーボードの＜ENTER＞キーを押します．

図2.61 名前ボックスによる範囲選択

これで，10001行目までが選択された状態になります（見出し行が1行＋データが1万件ですから，データ領域の右下隅のセルはI10001になります）．

[手順11] 最後に，＜貼り付け＞ボタンを押してください（図2.62）．

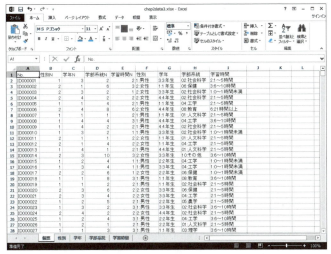

図 2.62 事前加工した仮想アンケートのデータ

[手順 12] このデータを,「アンケート 2 (アンケート 2.xlsx)」と言う名前で保存してください.次節以降では,このデータを使って学習を進めます.

2.7.2 ピボットテーブルによる多元集計と層別分析
● ピボットテーブルによる多元集計表の作成

この項では,ピボットテーブルを使って「学部・学科系統,性別ごとに学習時間にどのような傾向があるのか」分析する方法を解説します.

ここで,「学部・学科系統」,「性別」と言う 2 つの階層が現れている点に注意してください.多元集計としてはもっとも単純な部類に属しますが,単純なクロス集計表では分からない情報の分析が可能となります.

演 習 ピボットテーブルによる多元集計

以下の手順を実際に実行してみなさい.
[手順 1] アンケート 2 (アンケート 2.xlsx) を開きます.
[手順 2] ピボットテーブルを新規ワークシートに作成してください.具体的な手順は 2.6.2 項で述べたので,そちらを参照してください.
[手順 3] 図 2.63 のように,「ピボットテーブルのフィールド」を「ボックス」に配置してください.

なお,「値」ボックスは,下の図 2.63 右のように,<行集計に対する比率>を指定してください.
[手順 4] この表を,アンケート多元 1 (アンケート多元 1.xlsx) と言う名前で保存してください.

第2章 Excelによるデータベースの活用

図2.63 仮想アンケートの多元集計（ピボットテーブル版）

● 多元集計表のグラフ化

ここで作成した多元集計表の数値だけから，何か意味のある情報を分析しようとしても，なかなか難しいと思います．

このようなときは，グラフなどを用いて，データを「見える化」，「可視化」，「視覚化」するのが，常套手段です．

演習 ピボットグラフによるデータの可視化

以下の手順を実際に実行してください．

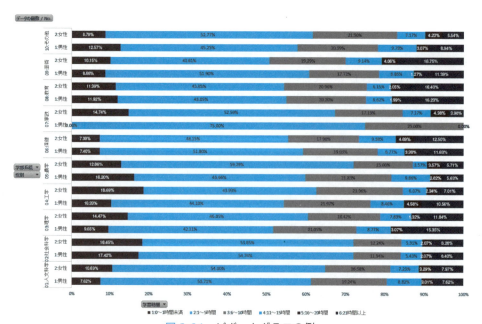

図2.64 ピボットグラフの例

[手順1] アンケート多元1（アンケート多元1.xlsx）を開きます．
[手順2] 「ピボットテーブルツール」の「分析」タブにある「ピボットグラフ」をクリックします．
[手順3] 「横棒グラフ」の中から，「100％積み上げ横棒グラフ」を選択します．
[手順4] グラフを見やすい位置に移動し，サイズを変更してください．
[手順5] 「ピボットグラフツール」の「デザイン」タブにある「クイックレイアウト」をクリックし，見やすいレイアウトを選択してください（図2.64．いろいろなレイアウトがあるので，試してみてください）．
[手順6] アンケート多元2（アンケート多元2.xlsx）と言う名前で保存してください．

● 多元集計表による層別分析

　この仮想アンケートは，あくまでの架空のデータなのですが，ある程度は現実のデータと相関するようにしてあります．

　皆さんは，ここからどのようなことを読み取るでしょうか？ 例えば，「21時間以上」の学習時間に着目してみましょう．次のように考える人もいるかもしれません．

- 「21時間以上」が多いのは，芸術系，教育系，理学系であるがなぜだろうか？
- 教育系では，男女の違いは少ない．性別による学習内容の差が小さいためだろうか？
- 芸術系では，女性の方が明らかに多い．これは，長時間の自宅練習を必要とする楽器（ピアノやバイオリン）の学習者が多いためだろうか？
- 理学系は，男性の方がやや多い．これはなぜだろうか？

　また，このピボットグラフを用いると，一部のデータだけを抽出した「**層別分析**」も容易にできます．

演 習　ピボットグラフによる層別分析

以下の手順を実際に実行してみてください．
[手順1] グラフ内の＜性別▼＞ボタンを押し，「男性」または「女性」のみ表示してみてください．

　図2.65は，「女性」のみを抽出したグラフです．芸術系，教育系に加えて，保健系（医学部，看護学部など）の学習時間の長さが目立ちます．次のように考える人もいるかもしれません．

- 看護士は女性の割合が高いと思われるので，これが何らかの影響を与えているのだろうか？

<u>このデータは，乱数で生成した練習用の仮想的なデータです．したがって，上のような疑問や仮説は，現実世界のものとは異なります．その点に注意してください．</u>

　しかし，もし本物のデータを用いて，さまざまな疑問が生じ仮説を立てたなら，それらを実証するためには新たなデータが必要となる場合もあります．

　また，漠然と「多い/少ない」と言うのではなく，統計的な有意性があるのか検定するなどといった作業も必要となります．こういった分析を本格的に行うためには，統計学の知識が必要となります．

　さらに進んだ内容の学習は，本書はあくまでも「データベースの基礎を学ぶ」と言う内容ですから，他の専門書に譲りたいと思います．

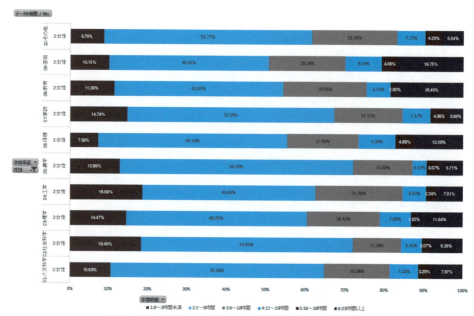

図 2.65　ピボットグラフの例（「女性」のみ抽出）

Excel のデータベース関数と，基本的な統計量の求め方については，本書の付録に解説がありますから，そちらを参照してください．

> **演習**　ピボットテーブルによる多層集計とピボットグラフの復習

「学部系統」と「性別」を逆にしてピボットテーブルを作成してみなさい．また，作成したピボットテーブルからピボットグラフを作成してみなさい．

[手順 1]　ピボットテーブルを作成する際に，ボックスの「学部系統」と「性別」を逆に配置します．他は，いままで説明した手順と同様です．

章末問題

1 ここでは，気象庁の公開している**気候データ**を入手し，これを実際にデータベースとして使える形に加工してみましょう．

気象庁の Web サイトでは，全国各地の観測点の気温，天候，風速・風向，降水量などのデータを公開しています．また，その利用に関しては，ほぼ自由に利用することができます[9]．

この気象データは，一般のアンケート調査で言えば，個々の回答用紙に相当する「**個票**データ」あるいは「ミクロデータ」にあたるもので，実践的なデータ処理，データベース構築の学習素材

---

[9] 気象庁ホームページで公開している情報（以下「コンテンツ」と言います）は，別の利用ルールが適用されるコンテンツを除き，どなたでも一定の条件にしたがって，複製，公衆送信，翻訳・変形等の翻案など，自由に利用できます．商用利用も可能です．詳しくは，気象庁の Web サイト（http://www.jma.go.jp/jma/kishou/info/coment.html）の「気象庁のホームページについて」を参照してください．

として大変適しています．

[手順1] パソコンのブラウザを用いて，「気象庁」を検索する（あるいは，直接，気象庁の URL http://www.jma.go.jp/ を入力します）．

[手順2] 次の順にページをたどり，気象データのダウンロードのページに移動します．ホーム＞各種データ・資料＞過去の地点気象データ・ダウンロード

[手順3] 希望する観測地点，データの項目，期間を選択します．ここでは，東京都の東京観測点の下の各項目について，2014年1月1日から2014年12月31日の1年分のデータを指定します．

- 「日別値」
- 気温…日平均気温，日最高気温，日最低気温
- 降水…降水量の日合計
- 風…日最大風速（風向），日最多風向
- 雲量／天気…天気概況（昼：06時〜18時），天気概況（夜：18時〜翌日06時）

[手順4] 最後に，画面右側の【CSVファイルをダウンロード】を押して適当な場所に名前を付けて保存します（ここでは，「data.csv」と言う名前で保存することを想定しています）[10]．

2 本章で学んだ事前加工の手法を用いて，この data.csv をデータベースとして適切な形式に加工してください．

① 見出しが複数行にわたっているので，これを整理し，1行にします．
② 注釈行は削除します（表の下部にも，注釈があるので，これも忘れずに削除してください）．
③ データの品質情報，均質番号の列は（貴重な情報ではありますが），以降の操作の学習には

---

[10] ネットワークの都合などでダウンロードできない場合は，第2章のフォルダの中の data.csv を使用してください．

必ずしも必要ではないので，削除してください．
④ 最大風速の風向を表す列名が「最大風速（m/s）」となっているので，これを「最大風速（16方位）」と改めます．

最終目標は，前ページの図とします．これを「東京2014.xlsx」と言う名前で，適当なフォルダに保存してください．次問以降では，このデータを用いることを想定しています．

3 ＜ホーム＞タブの検索機能を用いて，「雪」の日を検索してください．

4 フィルター機能を用いて，「天気概況（昼：06時～18時）」に「雪」を含む日を検索してください．

5 フィルター機能を用いて，「最低気温」が0度以下の日を検索してください．

6 最大風速（16方位）の単純集計表を作成してください（ピボットテーブルを使いましょう）．

7 最大風速（16方位）と最多風向（16方位）のクロス集計表を作成してください．値は，データの個数とします（ピボットテーブルを使いましょう）．

8 K列に，平均気温を5度単位に切り下げた値（列名は「平均気温」）を，L列に最大風速（m/s）を5m/s単位に切り下げた値（列名は「最大風速」）を作成し，最大風速（16方位）との間で多元集計を行ってください（ピボットテーブルを使いましょう）．
なお，切り下げには **FLOOR関数** を用います．

> FLOOR（数値，基準値）
> 指定された基準値の倍数のうち，もっとも近い値かつ0に近い値に数値を切り捨てます．
> 　　　数値　…　丸めの対象となる数値を指定します．
> 　　　基準値　…　必ず指定します．倍数の基準となる数値を指定します．

例えば，5刻みで数値を丸めたい（切り下げる）とすると，FLOOR（1.2, 5）→ 0，FLOOR（7.8, 5）→ 5，などとなります．切り下げ後の値が0なら，元の値は0～4.999…と言うことです．詳しいFLOOR関数の使い方は，Excelのヘルプ機能などで調べてください．

9 前問のピボットテーブルをピボットグラフにしてください．また，最大風速の強めな日（5m/s，10m/s）だけを抽出してください．最高気温と最大風速に一定の傾向は見られますか？

第3章 Accessによる
データベースの活用

3.1 Microsoft Accessの概要

3.1.1 Accessとは？

データベースを管理するためのソフトウェアはデータベース管理システム（Database Management System：DBMS）と呼ばれますが，Microsoft 社の Access もその1つです．小規模向けであり，個人や比較的小さな組織，企業でデータを管理するのに適しています．銀行や大企業，Web システムなどで使用される大規模向け DBMS は，同じ Microsoft 社の SQL Server，Oracle 社の Oracle，IBM 社の DB2 といった有料のもの，無料のものでは MySQL や PostgreSQL などがあります．

Access が他の DBMS と比較して優れている点は，データの入力や操作，表示，出力（印刷）といった一連の処理をすべて簡単な操作で行える，その手軽さにあります（ほとんどがグラフィカルな表示とマウスなどによる操作でできます）．

3.1.2 ExcelとAccessの違いとは？

Access はデータベースの中でもリレーショナルデータベースという構造のデータを扱います．リレーショナルデータベースはシンプルな表（＝テーブル）を組み合わせることで複雑なデータを効率よく管理するものです．このテーブルは縦横にデータが並んでおり，Excel でのワークシートとよく似ています．したがって，Access と Excel の違いは何か，なぜわざわざ Access を使う必要があるのか，という点はなかなか分かりにくいものです．第2章でも簡単に触れましたが，ここではその違いをあらためて整理しておきましょう．以下に Excel と比較した場合の Access の主な特徴を3つ挙げます．

● **データの構造が厳密**

Access も Excel もデータは基本的に2次元の表形式（縦と横にデータが並ぶ構造）で管理します．とは言え，Excel ではその表形式の制限がゆるく，表の中にタイトルを付けたり，セル同士を結合したり，グラフを挿入したりなど，表形式とは言え何でもありです．さらにはデータを入力しながら表の構造を途中で変えることもできてしまいます．

一方，Access では，その表形式は厳しく制限されています（縦と横にはデータがびっちり1つずつ入る，タイトルやデザインなど余計なものはなし，縦のデータは同じ種類のデータ，などなど）．さらに原則として，表の枠組み（データの構造）を必ず決めてからデータを入れていきます．このような制限は，自由度がなく使いづらい，と思うかもしれませんが，制限があるからこそ無駄や矛盾がなく，効率よくデータを管理することができます（図 3.1）．

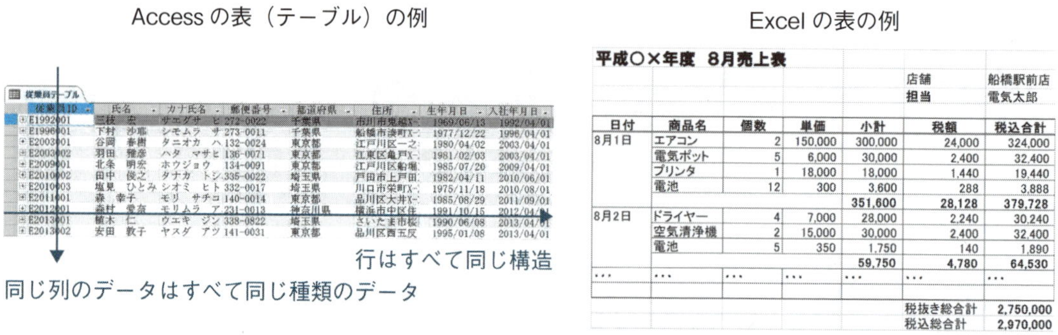

Access の表（テーブル）の例　　　　　　　　　　　Excel の表の例

行はすべて同じ構造
同じ列のデータはすべて同じ種類のデータ

図 3.1 AccessとExcelの表形式の違い

● **データの関連性が重要**

　Accessでは複数の表が互いに関連し合うことでさまざまなデータを効率よく管理します（図3.2）．ExcelでもLookup関数など，他の表（シート）のデータを参照する場合がありますが，Accessでは複数の表が関連し合う構造が言わば当たり前で，それを活かす機能や操作が充実しています．

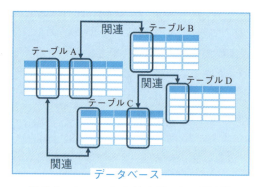

図 3.2 Accessにおけるデータの関連性

● **データの管理が主目的**

　AccessもExcelもデータを記録する，という点では同じですが，そのデータを主としてどう扱うかが異なります（図3.3）．Excelは表計算ソフトウェアであるため，データを集計・分析するのはもちろん，その結果からグラフを作成したり，そしてそれらを全部まとめた書類を作成する，といったこともできます．言わばデータを汎用的に扱います．一方，Accessでは，いかにデータを効率よく，そして無駄や矛盾がなく管理するかに主眼が置かれています．また，データの利用として，必要とするデータを探す（＝条件に合うデータを検索する）機能が特に充実しています．

3.1.3　Accessオブジェクト

　Accessはオブジェクトと呼ばれる部品（機能）で構成されています．このオブジェクトには以下の6つの種類があり，適宜必要なオブジェクトを自分で作成および実行します（図3.4）[1]．

---

[1] 本書ではマクロとモジュールは扱いません．

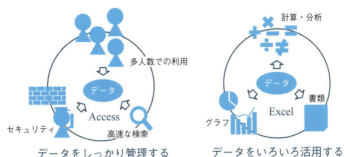

図 3.3 AccessとExcelのデータに対する目的の違い

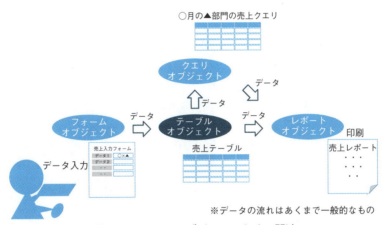

図 3.4 Accessオブジェクトとその関連

- **テーブル（p. 62）**

データを入れておくための枠組み，および実際のデータです．Accessオブジェクトの主となるもので，このテーブルを中心に他のオブジェクトが関連し合っています．

- **クエリ（p. 79）**

テーブルに対して何らかの操作を行うものです．一番よく使われるのは，指定したテーブルに対して目的に合う条件のデータを取り出す（＝検索する）選択クエリです．

- **フォーム（p. 108）**

テーブルのデータを表示したり，データを入力・変更する，といった操作を簡単にできるような専用の画面を作成するためのものです．

- **レポート（p. 118）**

テーブルのデータやクエリの結果を目的のフォーマット（形式）で印刷（表示）するためのものです．

- **マクロ**

繰り返し行うような一連の簡単な操作をまとめて，自動で実行させるためのものです．

- **モジュール**

マクロより複雑な操作をプログラムとして作成するものです．プログラムではVBA（Visual Basic for Applications）というプログラミング言語を使います．

それぞれのオブジェクトはいくつでも作成・保存できます．保存したオブジェクトはいつでも実行できますので，例えば「月ごとの売り上げを集計するクエリオブジェクト」を一旦作っておけば，後は毎月そのクエリを選んで実行するだけです．また，これらのオブジェクトはデータベースファイルとして1つにまとめられます（保存されます）．

3.1.4 Access の起動と終了

Access の起動

● **Windows8.1 の場合（アプリ一覧から起動）**
［手順1］ ＜スタート＞ボタンをクリックし，スタート画面を表示します．
［手順2］ 左下にある下矢印ボタンをクリックします（図3.5左）．
［手順3］ アプリの一覧から［Access 2013］をクリックします（図3.5右）．

図 3.5　Access 2013 の起動

Access の終了
［手順1］ ウィンドウ右上にある＜閉じる＞ボタンをクリックします（図3.6）．

図 3.6　Access 2013 の終了

3.1.5 データベースファイル

デーベースファイルとは？

Access におけるデータベースファイルは，上記 Access オブジェクトで紹介したオブジェクトをひとまとめにしたファイルです．拡張子は「.accdb」（Access2007 以降の場合．それより前のバージョンの Access では「.mdb」）です（図3.7）．

図 3.7　データベースファイル

データベースファイルの作成

データベースファイルを作成するには，まっさらの状態から作成する方法と，テンプレート（＝雛形）から作成する方法があります．前者は中身が何もない状態の枠組みだけで，後述するテーブルなどのオブジェクトを自分でゼロから作成していきます．後者は，決められた目的用の枠組みが事前にある程度定義されているので（資産管理，タスク管理など），そのまま，またはそこから自分でカスタマイズして作成していきます．本書では，前者のまっさらな状態である「空のデスクトップ データベース」から作成していく方法を紹介します．

本章全体で扱うデータベース

この章全体では，ある会社における従業員管理のためのデータベースの作成，操作といったさまざまな演習を通して，データベースおよび Access の基礎を学んでいきます．まずは従業員の基本情報（基本属性）を扱い，最終的には勤務情報，例えば従業員 A さんの 5 月の勤務実績（各日の勤務時間，休憩時間，月合計勤務時間）などを集計して，見やすくレイアウトし印刷することを目標にします（図 3.8）．

図 3.8　本章全体で扱うデータベース

演習　従業員管理データベースの作成

まずは Access オブジェクトを入れる全体の器とも言えるデータベース（Access データベースファイル）を作成します．

［手順 1］　Access を起動し，Access のスタート画面を表示します．
［手順 2］　「空のデスクトップ データベース」をクリックします（図 3.9）．

［手順3］ ＜ファイル名＞は「従業員管理」と入力し，＜作成＞ボタンをクリックします（図3.10）[2]．

図3.9 空のデスクトップ データベースの作成

図3.10 ファイル名の指定

［手順4］ Accessを終了します．

3.2 テーブル

テーブルとは？

テーブルはデータを入れるための枠組みであり，このテーブルの枠組みの中に具体的なデータが入ります．Excelのワークシートとほぼ同じですが，Accessのテーブルはより厳密です．まずはテーブルの構造を見てみましょう（図3.11）．

学籍番号	氏名	フリガナ	入学年度	性別	住所	電話番号
J15056	田中一郎	タナカイチロウ	2015	男	千葉県市川市寿町1-X	047-334-XXXX
J15057	戸川聖子	トガワセイコ	2015	女	千葉県船橋市浜西3-X	047-316-XXXX
J15058	安田俊樹	ヤスダトシキ	2015	男	埼玉県草加市吉川2-X	048-934-XXXX
...	...	...	...	...	...	...

図3.11 テーブルの構造

テーブルは，2次元の表形式（行は**レコード**，列は**フィールド**と呼びます）の構造になっており，各レコードは必ず同じフィールドをもちます．Excelのワークシートのように，行や列が結合されたり，同じセルに複数のデータが入ることはありません（図3.12）．

各フィールドには，あらかじめ名前（＝**フィールド名**）と，どのような種類のデータが入るか（＝**データ型**）（表3.1）を決める必要があります．さらに各フィールドには**フィールドプロパティ**と呼ばれる設定項目が指定できます．また，テーブルには**主キー**と呼ばれる特別なフィールドも必要です[3]．

---

[2] デフォルト（＝何も指定しなければ）では，操作しているユーザのドキュメントフォルダ（C:¥Users¥ユーザ名¥Documents¥）に保存されます．変更したければ，ファイル名入力欄の横にある＜フォルダ＞ボタンをクリックして指定します．

[3] 主キーがないテーブルも作成できなくはないですが，必要と覚えた方がよいでしょう．

表3.1 フィールドのデータ型

データ型	説明	例	データ例
短いテキスト	文字（英数字，かな，漢字など）の組み合わせたデータです（Access2007までの呼び名は「テキスト型」）．最大255文字です．	氏名 商品名	田中　隆文 デニッシュパン
長いテキスト	上記「短いテキスト」と同じですが非常に長い文字も入れられます（Access2007までの呼び名は「メモ型」）．最大1GBです．	経歴 商品説明	（省略）
日付/時刻型	日付および時間のデータです．	生年月日 製造日時	1970/5/18 2015/3/2 15:45
数値型	数値のデータです．	扶養家族数 在庫数	3 320
通貨型	円やユーロなどの金額データです．	売上金額 商品価格	¥48,000,000 ¥320
オートナンバー型	Accessが他のレコードと重複しないように自動的に付ける番号（連続またはランダム）です．基本的に主キーに使います．	従業員番号 商品番号	2387 3250031
Yes/No型	二者択一を表すデータです．	既婚 期間限定商品	Yes No
OLEオブジェクト型	WordやExcelで作成したOLEと呼ばれる形式の部品です．	履歴書Word 成分表Excel	（省略）
ハイパーリンク型	インターネット上の場所を示すURLなどリンク先を表す文字データです．	個人HP 商品紹介ページ	http://taro.example.jp/ file://bread.example.co.jp/
添付ファイル	さまざまな形式のファイルを保存するためのデータ型です．	本人顔写真画像ファイル 商品説明PDFファイル	（省略）
集計	他のフィールドを使った計算結果を入れます．	税込金額	［価格］＊1.08
ルックアップウィザード	決められた複数のデータから選択させるオプション設定で，他のデータ型を指定した上で使います．	性別 商品カテゴリ	（省略）

図 3.12　Excel ワークシートとの比較

● 主キーとは？

　主キーは，各レコードを識別するためのフィールドです．他のレコードと絶対に重複しないデータをもつフィールドとも言えます．少し分かりにくいので，具体例として大学での学生情報を表すテーブルを考えます．フィールドは，学籍番号，氏名，ふりがな，性別，入学年度，住所，電話番号などなど，いろいろ考えられます．この中で主キーとなるのは，ズバリ学籍番号です．たくさんいる学生の中から，ある特定の学生（1名）を検索する場合，この学籍番号さえ分かっていれば十分です（図3.13）[4]．なぜなら学籍番号が同じ学生が複数いる，なんてことはありません．そもそも学籍番号は，現実の世界（この場合は大学の組織）でも各学生を識別するためにあるので，当然と言えば当然です．

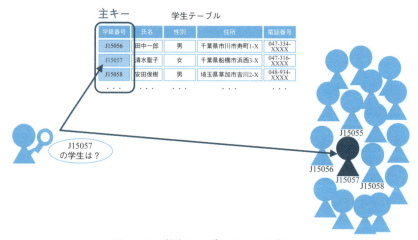

図 3.13　学生テーブルにおける主キー

　このように，テーブルにおいて各レコードを識別するためのフィールドが主キーです．テーブルを作成するときには，通常はこの主キーとなるフィールドを必ず作成しておく必要があります．もしテーブルを作成するときに，あらかじめ学籍番号のような主キーとなる項目がない場合は，データベース上で管理するためだけの新たなフィールドを**オートナンバー型**で主キーとして作成します[5]．

---

[4] 氏名や電話番号ではダメです．同姓同名や兄弟で同じ大学に通っている場合もあります．
[5] 3.4節「テーブルとクエリの応用」で作成する出退勤テーブルにおいては，オートナンバー型で主キーとなる出退勤番号を作成します．

テーブルのビュー

Access におけるビューとは，1 つの Access オブジェクト（テーブル以外のオブジェクも含めて）についての表示・編集方法の種類のことです．ビューを切り替えることにより，分かりやすい表示にしたり，細かな設定の指定が簡単にできたりします．特定のビューでしかできない専用の操作（処理）もありますが，2 つのビューで同じ処理ができる場合もあります（この場合，同じ処理をするにも操作方法が異なることがあります）．

テーブルにおけるビューは以下の 2 つです．

● データシートビュー

テーブルへ新規データを入力したり，既存データについて表示・編集を行うためのビューです（図3.14）．テーブルの定義を編集（フィールドの新規追加や削除など）することもできますが，基本的な操作だけです．

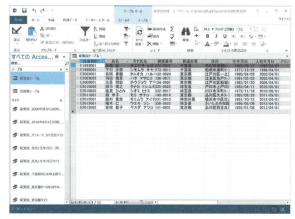

図 3.14　データシートビュー

● デザインビュー

テーブルの定義を行うビューで，実際のデータ（レコード）の入力や編集はできません（図3.15）．データシートビューよりも各フィールドについて細かな設定ができます．

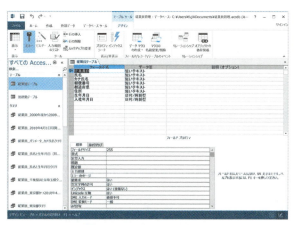

図 3.15　デザインビュー

テーブルの作成とデータの入力
● テーブルの作成

　テーブルの作成は上記2つのビューそれぞれで行えます．しかし，基本は「デザインビュー」でテーブル定義（テーブルの枠組み）を作成し，「データシートビュー」は実際のデータの入力・編集，表示のみに使うことをお勧めします[6]．テーブルの定義は他のAccessオブジェクトのすべてに関わり，データベース全体の使い勝手（良し悪し）に影響を与えますので，デザインビューでしっかりテーブルの構造を考えて作成すべきです．

　ここでは実際に，従業員管理データベースに従業員の個人情報を入れるためのテーブルをデザインビューを使って作成してみます．

演習　従業員テーブルの作成

　従業員の個人を表すデータにはさまざまなものが考えられますが，ここではある程度絞って作成します（表3.2）．

[手順1]　Accessを起動し，従業員管理データベースを開きます．＜最近使ったファイル＞の「従業員管理」をクリックするか（図3.16），＜他のファイルを開く＞をクリックし，＜コンピューター＞から＜参照＞で「従業員管理」ファイルを開きます（図3.17と図3.18）．

表3.2　従業員テーブルの定義

フィールド名	データ型	備考
従業員ID	短いテキスト	主キー
氏名	短いテキスト	
カナ氏名	短いテキスト	
郵便番号	短いテキスト	
都道府県	短いテキスト	
住所	短いテキスト	
生年月日	日付/時刻型	
入社年月日	日付/時刻型	

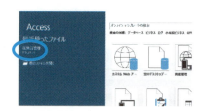

図3.16　最近使ったファイルから開く

図3.17　他のファイルを開く

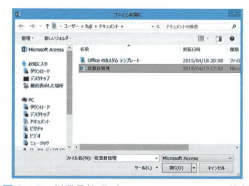

図3.18　従業員管理データベースファイルの選択

[手順2]　＜作成＞タブをクリックし，＜テーブルデザイン＞をクリックします（図3.19）．

[手順3]　1行目の＜フィールド名＞をクリックし，「従業員ID」（IDは半角）と入力します（図

---

[6] データの入力・編集や表示は，フォーム（後述）を使う方がより適切と言えます．

3.20).

［手順4］ ＜データ型＞をクリックし，プルダウンメニューから「短いテキスト」を選択します（図3.21）.

［手順5］ 他のフィールドについても，それぞれの操作を繰り返します（図3.22）.

図 3.19 テーブルデザインビュー

図 3.20 フィールド名の入力

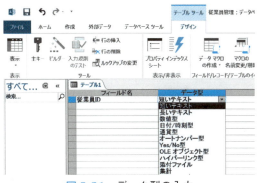

図 3.21 データ型の入力

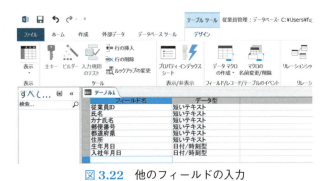

図 3.22 他のフィールドの入力

［手順6］ 1行目の「従業員ID」を右クリックし（1行目ならどこでも可），メニューから＜主キー＞を選択します（図3.23）[7]．

［手順7］ 従業員IDに主キーを表す「鍵マーク」が付いたことを確認します（図3.24）．

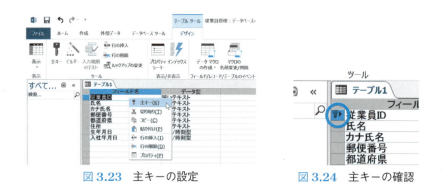

図3.23 主キーの設定　　　　　　図3.24 主キーの確認

［手順8］ ＜上書き保存＞ボタン（図3.25）をクリックし，テーブル名に「従業員テーブル」と入力，保存します（図3.26）[8]．

図3.25 上書き保存ボタン　　　　図3.26 テーブルの保存

［手順9］ ＜ナビゲーションウィンドウ＞[9]に作成したテーブルがあるか確認しましょう（図3.27）．

図3.27 ナビゲーションウィンドウでの作成されたテーブル

---

[7] 主キーの設定は，該当するフィールドを左クリックで選択後（そのフィールドの行ならどこでも可），上部の＜主キー＞ボタン（鍵のアイコン）をクリックすることでも指定できます．

[8] ＜上書き保存＞ボタンの初回クリック時のみ「名前を付けて保存」ダイアログボックスが開きます．

[9] データベースで管理されているAccessオブジェクトがリスト状に表示される部分で（画面左側），ここから各オブジェクトを開きます．

[手順10] <閉じる>ボタンをクリックし，テーブルを閉じます（図3.28）．

図 3.28　閉じるボタン

● テーブルへのデータ入力

テーブルにデータ（レコード）を入力するにはデータシートビューを使います．後述するフォームを使ってデータを入力することもできます（フォームを利用する方がより一般的です）．

演習　従業員テーブルへのデータの入力

作成した従業員テーブルに，データシートビューを使って1人分のデータ（レコード）を入力してみましょう（表3.3）．

表 3.3　従業員データその1

従業員 ID	E2003001
氏名	谷岡　春樹
カナ氏名	タニオカ　ハルキ
郵便番号	132-0024
都道府県	東京都
住所	江戸川区一之江 X-X
生年月日	1980/4/2
入社年月日	2003/4/1

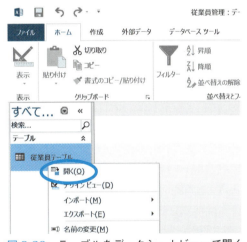

図 3.29　テーブルをデータシートビューで開く

[手順1]　<ナビゲーションウィンドウ>の「従業員テーブル」を右クリックし，<開く>を選択し，データシートビューを開きます（図3.29）（ダブルクリックでも開けます）．もし，すでにデザインビューで「従業員テーブル」を開いている場合は，上部の<表示>アイコンをクリックし，データシートビューに切り替えます（図3.30）．アイコンをクリックするたびに2つのビューが交互に切り替わります．ステータスバーのボタンをクリックしても切り替えできます（図3.31）．

[手順2]　1行目のフィールド<従業員 ID>に「E2003001」（半角英数字）を入力します（図3.32）．エンターキー（リターンキー）またはタブキーを押すと，次のフィールド（右）へ移動します．

第3章 Accessによるデータベースの活用

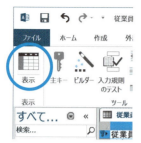

図 3.30 デザインビューとデータシートビューの切り替え

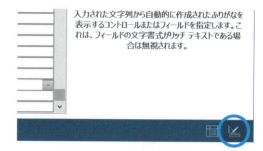

図 3.31 デザインビューとデータシートビューの切り替え（ステータスバー）

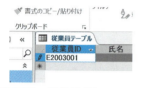

図 3.32 従業員IDフィールドへのデータの入力

図 3.33 他のフィールドへのデータの入力

［手順3］　他のフィールドについてもデータを入力します（図 3.33）．最後のフィールドを入力し，エンターキー（またはリターンキー）を押すと次のレコードへカーソルが移動します．自動的に保存されますので，保存操作は必要ありません．

● テーブルの既存データの編集

　データシートビューでは，テーブルに保存されている既存のレコードの編集も行えます．編集したいレコードのフィールド部分を単純にクリックすれば編集モードになります．Accessではレコードの編集（新規追加も含め）は自動的に保存されるため，保存操作は特に必要ありません．他のレコードに移動したり，テーブルを閉じると自動的に保存されます．フィールドの編集中は，レコードの先頭部分（＝レコードセレクタ）は鉛筆マークになっています（図 3.34）．この状態で「ESC」（エスケープ）キーを押すと，編集前の状態に戻せます．

　レコードの削除やコピー，貼り付けなどは，レコードセレクタを右クリックし，各メニューから行えます（図 3.35）．

図 3.34 レコードセレクタの編集中表示

図 3.35 レコードセレクタのメニュー

● フィールドプロパティの設定

　フィールドプロパティは，フィールドについての設定項目です．入力を簡単にしたり，おかしなデータの入力を防いだり，表示の形式を変えたりと，さまざまな指定ができます（表3.4）．もちろん指定しなくてもよいのですが，使いこなすと Access をより便利に，かつ安全に利用できます．以下では，フィールドプロパティとして「IME 入力モード」，「ふりがな」，「住所入力支援」の3つの指定を行ってみましょう．

表3.4　主なフィールドプロパティ

プロパティ名	データ型	説明
フィールドサイズ	テキスト型 数値型	データの文字数または数値の範囲（表3.5を参照）を指定します．
書式		データの表示形式を指定します．
小数点以下表示桁数	数値型	表示するときの小数点以下の桁数を指定します．テーブルに保存されているデータの実際の桁数ではありません．
定型入力		決まった形式でデータを入力させるときに指定します．
標題		表示するフィールドの標題を指定します．指定しない場合はフィールド名が使われます．
既定値		入力しない場合に自動で入るデータです．
入力規則		入力するデータの規則（数値がある範囲内であるかなど）を指定します．
エラーメッセージ		入力規則に合わないデータが入力されたときのメッセージを指定します．
値要求		データを必ず入力させるかを指定します．
空文字列の許可	テキスト型	文字数がゼロのデータ（データが何も入ってないわけではない）を許可するかを指定します．
IME 入力モード	テキスト型 日付/時刻型	データ入力時の IME 入力モードを指定します．
IME 変換モード	テキスト型 日付/時刻型	データ入力時の IME 変換モードを指定します．
ふりがな	テキスト型	入力したデータのふりがなを他のフィールドのデータとする場合に指定します．
住所入力支援	テキスト型	他のフィールドに入力された郵便番号から自動的に住所を入れる場合に指定します．
日付選択カレンダーの表示	日付/時刻型	日付を選択するためのカレンダーを表示するかを指定します．

表 3.5 数値型のフィールドサイズ

種類	範囲	最大有効桁数
バイト型	0〜255 の整数値	
整数型	−32,768〜32,767 の整数値	
長整数型	−2,147,483,648〜2,147,483,647 の整数値	
単精度浮動小数点型	-3.4×10^{38}〜3.4×10^{38}	7
倍精度浮動小数点型	-1.797×10^{308}〜1.797×10^{308}	15
レプリケーションID型	グローバル一意識別子（GUID） ※レプリケーションを利用するといった特別な場合に使用	
十進型	最大 28 桁の数値（整数部と小数部の桁数をあらかじめ指定）	28

演 習　従業員テーブルのフィールドプロパティの設定（**IME 入力モードの指定**）

フィールドプロパティの「IME 入力モード」の指定を行うと，対象フィールドのデータ入力時に IME 入力モードを自動で切り替えることができます．例えば，氏名の入力では漢字を入力する場合がほとんどですので自動で切り替わった方が便利です．

テキスト型のフィールドではデフォルトでオンに設定されます．従業員テーブルの「従業員 ID フィールド」は短いテキスト型ですので，このプロパティはオンになっています．しかし，このフィールドは半角英数文字のデータを入力したいので，IME 入力モードがオンですと逆に不便です．したがって，ここでは「IME 入力モード」プロパティを「使用不可」に設定しましょう[10]．

[手順 1]　従業員テーブルをデザインビューに切り替えます（図 3.36）．開いてない場合はナビゲーションウィンドウから「従業員テーブル」をダブルクリックして開いてからデザインビューに切り替えます[11]．

図 3.36　従業員テーブルのデザインビュー

---

[10] 「オフ」の設定にすると，ユーザが IME 入力モード切替キーを押せばオンにできてしまいます．「使用不可」にすればキーを押しても切り替わらず，半角英数文字の入力に限定することができます．
[11] ナビゲーションウィンドウで右クリックし，メニューから<デザインビュー>を選択してもできます．

［手順 2］　「従業員 ID」フィールドをクリックします．
［手順 3］　下部のフィールドプロパティ一覧から<IME 入力モード>をクリックし，下矢印ボタンをクリックして「使用不可」を選択します（図 3.37）．
［手順 4］　テーブルを上書き保存します．

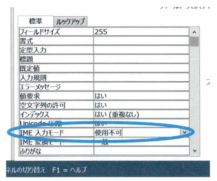

図 3.37　〈IME 入力モード〉プロパティの選択

演習　従業員テーブルのフィールドプロパティの設定（ふりがなの指定）

　フィールドプロパティの「ふりがな」は，データを漢字入力したときに，その読みである「ふりがな（フリガナ）」を他のフィールドに自動で入れるものです．例えば，「氏名（漢字）」のフィールドに漢字で「鈴木」と入力すると，「氏名（かな）」のフィールドに自動で「すずき」というデータが同時に入ります．

　従業員テーブルの「氏名」フィールドに，このフィールドプロパティ「ふりがな」を設定し，「カナ氏名」フィールドにカタカナ読みが自動で入るように設定してみます．

［手順 1］　従業員テーブルをデザインビューに切り替えます（開いてない場合はナビゲーションウィンドウから開きます）．
［手順 2］　「氏名」フィールドをクリックします．
［手順 3］　下部のフィールドプロパティ一覧から<ふりがな>をクリックし，<...>ボタンをクリックします（図 3.38）．
［手順 4］　<ふりがなウィザード>ダイアログボックスが表示されますので，<既存のフィールドを使用する>をクリックし，その下のメニューから「カナ氏名」フィールドを選択します．<ふりがな

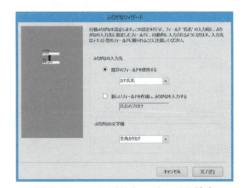

図 3.38　〈ふりがな〉プロパティの選択　　　図 3.39　ふりがなウィザードの設定

の文字種>は「全角カタカナ」を選び，<完了>ボタンをクリックします（図3.39）．

[手順5]　確認メッセージが表示されますので<OK>ボタンをクリックします．

[手順6]　テーブルを上書き保存します．

演習　従業員テーブルのフィールドプロパティの設定（住所入力支援の指定）

フィールドプロパティの「住所入力支援」は，指定したフィールドに郵便番号を入力すると，自動的に対応する住所を他のフィールドに入れる機能です（逆に住所を先に入れると郵便番号が自動で入力されます）．

ここでは，従業員テーブルの「郵便番号」フィールドにデータを入力すると，対応する住所を「都道府県名」と「それより後の部分」の2つに分けて，それぞれ「都道府県」フィールドと「住所」フィールドに自動で入るように設定してみます．

[手順1]　従業員テーブルをデザインビューに切り替えます（開いてない場合はナビゲーションウィンドウから開きます）．

[手順2]　「郵便番号」フィールドをクリックします．

[手順3]　下部のフィールドプロパティ一覧から<住所入力支援>をクリックし（ウィンドウサイズによって項目が表示されてない場合があるので，その場合はスクロールバーを操作），<...>ボタンをクリックします（図3.40）．

図3.40　〈住所入力支援〉フィールドプロパティの選択

[手順4]　<住所入力支援ウィザード>ダイアログボックスが表示されますので，<郵便番号>メニューから「郵便番号」フィールドを選択し，<次へ>をクリックします（図3.41）．

[手順5]　<住所の構成>では「都道府県と住所の2分割」を選択し，<都道府県>メニューから「都道府県」フィールド，<住所>メニューから「住所」フィールドをそれぞれ選び，<次へ>をクリックします（図3.42）．

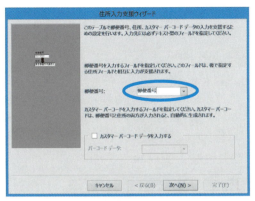
図 3.41 住所入力支援ウィザードの設定 1

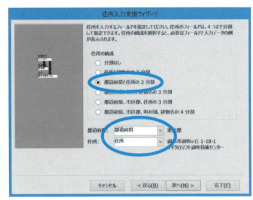
図 3.42 住所入力支援ウィザードの設定 2

［手順 6］ 入力動作の確認ができるウィンドウが表示されますので（試しに自分の住所の郵便番号を入力してみましょう），＜完了＞をクリックします（図 3.43）．

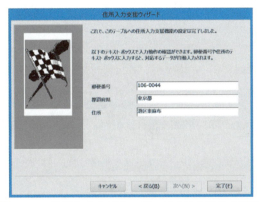
図 3.43 住所入力支援ウィザードの入力動作の確認

［手順 7］ 確認メッセージが表示されますので＜OK＞ボタンをクリックします．
［手順 8］ テーブルを上書き保存します．

演習　従業員テーブルへのデータの入力

3つのフィールドプロパティが設定できましたので，早速従業員テーブルにデータを入力してみましょう（表 3.6）．

表 3.6　従業員データその 2

従業員 ID	E2010003
氏名	塩見　ひとみ
カナ氏名	シオミ　ヒトミ
郵便番号	332-0017
都道府県	埼玉県
住所	川口市栄町 X-X
生年月日	1975/11/18
入社年月日	2010/8/1

［手順1］ 従業員テーブルをデータシートビューに切り替えます（開いてない場合はナビゲーションウィンドウから開きます）．

［手順2］ 2行目のレコードの「従業員ID」フィールドに「E2010003」を入力します．IME入力モードがオフで，かつIME入力モード切替キーを押しても切り替わらないことを確認しましょう（図3.44）．

［手順3］ 「氏名」フィールドに「塩見　ひとみ」を入力します．自動的に「カナ氏名」フィールドにも「シオミ　ヒトミ」とデータが入力されたことを確認します（図3.45）．

図3.44　「従業員ID」フィールド

図3.45　「氏名」フィールドと「カナ氏名」フィールド

［手順4］ 「郵便番号」フィールドに「332-0017」を入力します．自動的に「都道府県」と「住所」フィールドにもそれぞれ「埼玉県」，「川口市栄町」とデータが入力されたことを確認します（図3.46）．

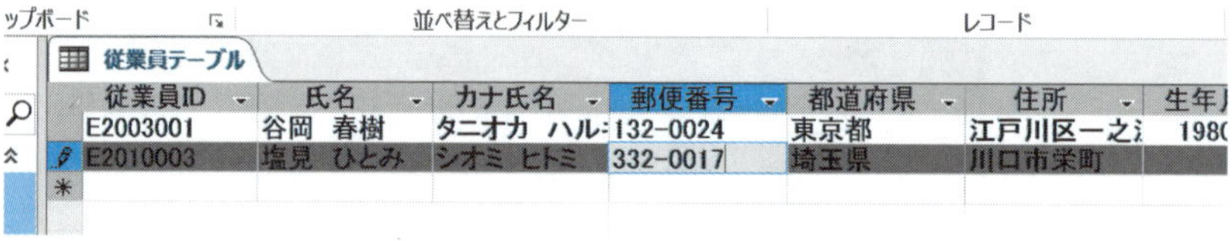

図3.46　「郵便番号」フィールドと「都道府県」「住所」フィールド

［手順5］ 住所フィールドの残りの部分「X-X」，および他のフィールドについてもデータを入力します（図3.47）．

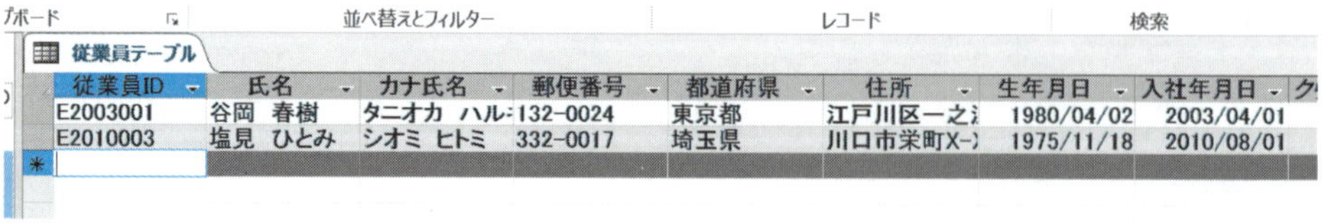

図3.47　「住所」フィールドの残りおよび他のフィールドへのデータ入力

［手順6］ テーブルを閉じます．

● データのインポートとエクスポート

すでに他のファイル形式でデータがある場合は，テーブルにそのデータを取り込むこと（＝インポート）ができます．例えば，ExcelファイルからAccessにデータをインポートするなど，Accessではさまざまなファイル形式に対応しています．もちろん，この逆の操作であるAccessのテーブルを他のファイル形式へと書き出すこと（＝エクスポート）もできます（図3.48）．

インポートでは，既存のテーブルにレコードをインポートするだけでなく，インポートと同時にテーブルを作成することも可能です．

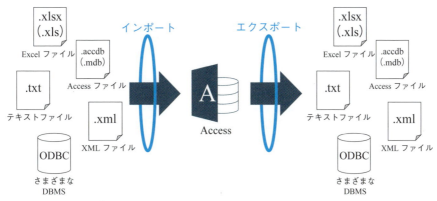

図 3.48　インポートとエクスポート

>[!NOTE] 演習　従業員データのインポート

従業員テーブルに Excel ファイルからデータ（レコード）をインポートしてみます．ここでは上記の演習で入力した 2 名以外の差分データをインポートします．

［手順 1］　あらかじめ p. iv を参考に本書のデータファイルを準備しておきます．
［手順 2］　従業員テーブルが開いている場合は閉じます．
［手順 3］　<外部データ>タブをクリックし，<Excel スプレッドシートのインポート>ボタンをクリックします（図 3.49）．

図 3.49　〈Excel スプレッドシートのインポート〉ボタン

［手順 4］　<外部データの取り込み>ウィザードが開くので，<ファイル名>の<参照>ボタンをクリックし，本書データファイルフォルダ内の「第 3 章」フォルダにある「差分_従業員データ.xlsx」を選択します．データの保存方法と場所は<レコードのコピーを次のテーブルに追加する>を選択し，メニューから「従業員テーブル」を選択，<OK>ボタンをクリックします（図 3.50）．
［手順 5］　<スプレッドシートインポート>ウィザードが開きますので，<次へ>ボタンをクリックします（図 3.51）．
［手順 6］　インポートの確認では，<完了>ボタンをクリックします（図 3.52）．
［手順 7］　インポート操作の保存では，そのままチェックを入れずに[12]，<閉じる>ボタンをクリックします（図 3.53）．

---

[12] インポート操作を保存すると，後で一連の操作を自動で実行できます．

第3章　Accessによるデータベースの活用

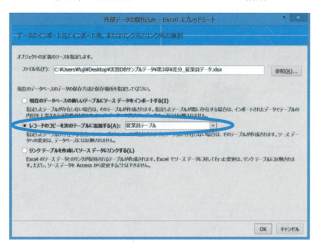

図3.50　外部データの取り込み

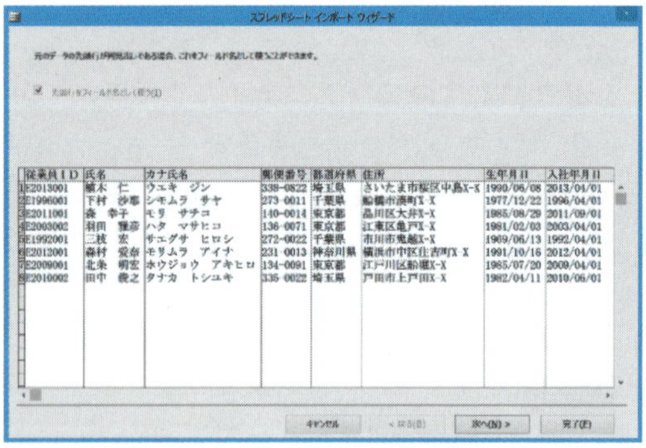

図3.51　スプレッドシートインポートウィザード

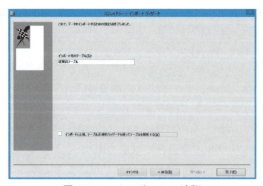

図3.52　インポートの確認

[手順8]　＜ナビゲーションウィンドウ＞から「従業員テーブル」を開き，インポートされたデータを確認します（図3.54）．

図 3.53　インポート操作の保存確認

図 3.54　インポートされたデータ

［手順 9］　テーブルを閉じます．

3.3　クエリ

クエリとは？

　クエリ（Query）とは，「質問，疑問」とか「問いただす」といった意味です．コンピュータの世界では，データベースから目的のデータを検索する（問い合わせる），またはデータベースに対し何らかの処理をさせるための命令，を指します．

表 3.7　Access におけるクエリの種類

種類	説明
選択クエリ	テーブルから目的のデータを検索し，結果を表形式で表示（取得）するクエリ．複数のテーブルを結合したり，取り出したデータに対し集計や関数を適用することもできます．クエリの結果はテーブルのデータに影響を与えません．選択クエリには，基本的なクエリの他に，クロス集計クエリ，重複クエリ，不一致クエリなどがあります．
アクションクエリ	テーブルのデータに変更をともなうような操作を行うクエリ．アクションクエリには，追加クエリ，削除クエリ，更新クエリ，テーブル作成クエリなどがあります．
SQL クエリ	SQL と呼ばれる言語を使ったクエリ．選択クエリ，アクションクエリの機能も含めた自在なクエリが行えます．

Accessにおいてのクエリはいくつかに分類できますが，主に利用するのはテーブルから自分の必要とする条件に合うレコードを検索（表示）する**選択クエリ**です（表3.7）[13]．具体的には，条件を設定したクエリオブジェクトを作成し，それを実行することで目的のデータを検索（表示）します．このクエリオブジェクトはいくつでも作成・保存できます．また，選択クエリにおいては，クエリを実行したからと言ってテーブルに入っているデータは影響を受けません．

クエリのビュー

クエリにおいては「デザインビュー」と「データシートビュー」の2つの表示画面を使って主に作業をします[14]．デザインビューはクエリ自体を作成するための画面で，データシートビューはクエリを実行した結果のデータが表示される画面です．この2つの画面は<表示>ボタンをクリックするごとに切り替わります（図3.55）[15]．ちなみにクエリにおけるデータシートビューは，テーブルにおけるデータシートビューと見た目はほぼ同じで，データの追加や変更などの編集も行えます．しかし，テーブル自体の構造の編集（フィールド名の変更やフィールドプロパティの指定，フィールドの追加や削除など）はできません．

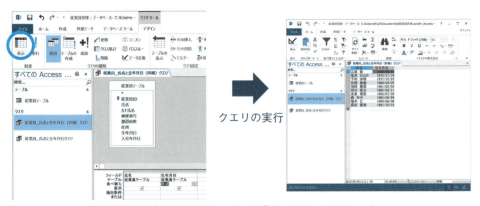

図 3.55 「デザインビュー」と「データシートビュー」

クエリの作成方法

クエリの作成には2つの方法があります．基本的にはデザインビューを使用して作成します．

- **デザインビューによる作成**

クエリ作成の基本となる方法で，対象とするテーブル，フィールド，そして検索（抽出）したいレコードの条件などを指定します．デザインビューは大きく2つのエリアに分かれており，上部に表示されるのは対象テーブルのフィールド一覧で「フィールドリスト」と呼ばれます．下部は「デザイングリッド」と呼ばれ，クエリの対象となるフィールドおよびそれらに対する条件を指定するものです．

---

[13] 本書では選択クエリのみを扱います．
[14] この他に「SQLビュー」と呼ばれるものもあります．SQLとはクエリを記述するための言語で（1.5節），プログラミング言語のように文字でクエリを表します．
[15] 「データシートビュー」へは<実行>ボタンをクリックしたときにも切り替わります．

● クエリウィザードによる作成

画面に表示される質問に順番に答えていく形でクエリを作成する方法です．クエリの種類や表示するフィールド，レコードの並び順などを選択していきます．選択クエリの作成はデザインビューで行うのが一般的ですが，その他の複雑なクエリ（「クロス集計クエリ」，「重複クエリ」，「不一致クエリ」など）ではこのクエリウィザードでの作成の方が簡単にできる場合があります[16]．

選択クエリの基礎
● 指定したフィールドのみを表示する検索

選択クエリの基本として，テーブルの指定したフィールドだけを表示してみます．ここでは，レコードについての抽出条件は指定しないので，テーブルに保存されているすべてのレコードが表示されます．

演 習　従業員テーブルから指定したフィールドのみを表示するクエリ

従業員テーブルのフィールドは8個ありますが，このうちの「氏名」と「生年月日」フィールドだけを表示するクエリを作成してみましょう．

[手順1]　<作成>タブをクリックし，次に<クエリデザイン>をクリックします（図3.56）．

[手順2]　<テーブルの表示>ダイアログボックスが表示されるので，<テーブル>タブにある「従業員テーブル」を選択，<追加>ボタンをクリックします（図3.57）．<閉じる>ボタンを押してウィンドウを閉じます．

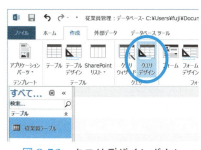
図3.56　クエリデザインボタン

図3.57　テーブルの選択

[手順3]　<フィールドリスト>から「氏名」と「生年月日」を選択し[17]，<デザイングリッド>の一番左の列にドラッグ＆ドロップします（図3.58）．

[手順4]　<デザイングリッド>に「氏名」と「生年月日」が追加されていることを確認します（図3.59）．

[手順5]　上部の<実行>ボタンをクリックし，クエリを実行します（図3.60）[18]．

---

[16] 本書では基本である選択クエリのみを扱うため，このクエリウィザードは扱いません．

[17] 複数選択するにはCTRL（コントロール）キーを押しながらクリックします．ちなみにテーブル名をダブルクリックするとフィールド全部を選択できます．

[18] <表示>メニューをクリックし，データシートビューに切り替えることでもクエリは実行されます（選択クエリのみ）．

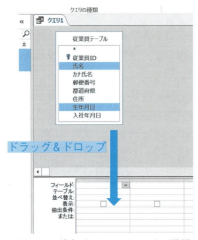

図 3.58 追加するフィールドの選択

図 3.59 デザイングリッドの
フィールドの確認

図 3.60 クエリの実行

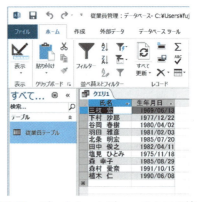

図 3.61 データシートビューのクエリ結果

［手順6］ データシートビューに切り替わり，クエリの結果が表示されます（図3.61）．

［手順7］ ＜上書き保存＞ボタンをクリックします（図3.62）．＜クエリ名＞に「従業員_氏名と生年月日クエリ」と入力し，＜OK＞ボタンをクリックして保存します（図3.63）．

図 3.62 クエリの保存

図 3.63 クエリ名の入力

［手順8］ ナビゲーションウィンドウの＜クエリ＞グループに「従業員_氏名と生年月日クエリ」があることを確認します（図3.64）[19]．

---

[19] ナビゲーションウィンドウは Access オブジェクトの種類ごとにグループ化されて表示されます．グループを折りたたむことにより見やすくもできます．

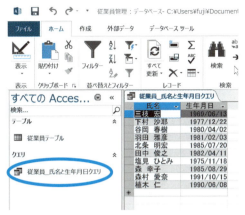

図 3.64　ナビゲーションウィンドウのクエリ

［手順9］　クエリを閉じます．

● 検索結果の並べ替え

　ここでは表示されるレコードの並び順を指定してみます．例えば，会員情報テーブルでは読み仮名順で表示したい，売上テーブルでは単価が高い商品順に見たいなど，実際上よく使われます．

　どのフィールドで並べ替えを行うかと，順序（小さい順の「昇順」，大きい順の「降順」）を指定します．複数のフィールドで並び順を指定した場合は，デザイングリッドの左側が優先され，同じ値だったときのみ次に指定したフィールドで並べ替えが行われます．

演 習　従業員テーブルから指定したフィールドのみを表示するクエリ（生年月日で並べ替え）

　ここでは先ほどのクエリ結果を「生年月日」の古い順（昇順）で並べ替えてみましょう．さらに，クエリ作成のちょっとした応用として，すでに作成したクエリを複製して利用する方法も合わせて行ってみます．

［手順1］　ナビゲーションウィンドウの「従業員_氏名と生年月日クエリ」を右クリックし，メニューから<コピー>を選択します（図3.65左）．ナビゲーションウィンドウ上（どこでも可）で右クリックし，メニューから<貼り付け>を選択します（図3.65右）．

［手順2］　<貼り付け>ダイアログボックスが表示されるので，<クエリ名>に「従業員_氏名と生年月日（昇順）クエリ」と入力し，<OK>をクリックします（図3.66）．

［手順3］　ナビゲーションウィンドウに「従業員_氏名と生年月日（昇順）クエリ」が追加されますので，このクエリを右クリックし，メニューから<デザイン ビュー>を選択し開きます（図3.67）．

［手順4］　デザイングリッドの「生年月日」フィールドの<並べ替え>をクリックし，メニューから「昇順」を選択します（図3.68）．

［手順5］　上部の<実行>ボタンをクリックし，クエリを実行します．

［手順6］　データシートビューに切り替わり，クエリの結果が表示されます（図3.69）．先の演習とは異なり，生年月日の古い順にレコードが並んでいることを確認しましょう．

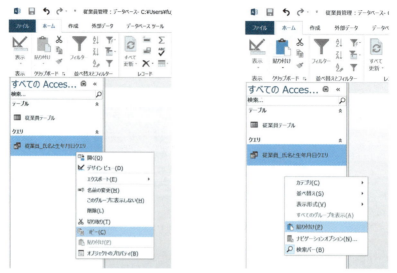

図3.65 クエリのコピーと貼り付け

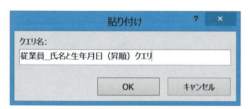

図3.66 クエリ名「従業員_氏名と生年月日（昇順）クエリ」の入力

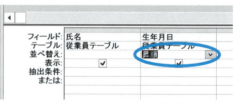

図3.68 生年月日フィールドの並べ替えの指定

図3.67 ナビゲーションウィンドウからクエリのデザインビューを開く

図3.69 データシートビューのクエリ結果（並べ替え）

[手順 7] ＜上書き保存＞ボタンをクリックし，クエリを保存します．
[手順 8] クエリを閉じます．

● 条件を指定したレコードの検索（条件が 1 つの場合）

　条件を指定して目的のレコードを検索することは，選択クエリにおいて，さらにはデータベース全体の操作でも一番よく行われます．例えば，会員情報テーブルから○△■さんの情報を検索したり，2010 年 4 月以降に登録された会員一覧を表示したり，売上テーブルから 3 月分の販売リストを表示するなど，さまざまな目的に使われます．もう少し厳密に言えば，この検索は「指定したフィールドの値が，指定した条件を満たすレコードを抽出する」というものです．どのようにその条件を指定するかが，ここではポイントになります．

　この条件の指定は，文字列データ（テキストデータ）に対する条件の指定と数値データ（日付時間も含む）に対する条件の指定に大きく分けられます．ある指定した値に一致するものを条件にする（＝完全一致），というのは両方ともできますが，それ以外の条件の指定では特色があります．文字列データでは**ワイルドカード文字**を使った「**あいまいな条件**」（表 3.8），数値データでは**比較演算子**（表 3.9）を使った条件の指定ができます．

表 3.8　ワイルドカード文字を使ったあいまいな条件

ワイルドカード文字	説明	例	一致するパターン例
＊	任意の複数の文字	山＊ 経＊入門	山田，山本，山之内… 経済入門，経営入門，経済経営入門…
？	任意の 1 文字	山？ 経？入門	山田，山本… 経済入門，経営入門…
#	任意の 1 文字の数字	1234-567#	1234-5670，1234-5671，…，1234-5679
[ ]	括弧内のいずれか 1 文字	abc[xy]def	abcxdef，abcydef
！ ※[ ]内で使用	括弧内以外の 1 文字	abc[!xy]def	abcadef，abcbdef，…，abcwdef，abczdef…
－ ※[ ]内で使用	括弧内の範囲の 1 文字	abc[x-z]def	abcxdef，abcydef，abczdef

表 3.9　比較演算子

比較演算子	説明	例	例の説明
＝	指定した値と等しいもの	＝ "東京都" ＝ 100	"東京都"である 100 である
＞	指定した値より大きいもの	＞ 100	100 より大きい
＜	指定した値より小さいもの	＜ 100	100 より小さい
＞＝	指定した値以上のもの	＞＝ 100	100 以上
＜＝	指定した値以下のもの	＜＝ 100	100 以下
＜＞	指定した値と等しくないもの	＜＞ 100	100 でない

■演 習 従業員テーブルへの完全一致の条件を指定したクエリ

ここでは「東京都」に住んでいる従業員を検索してみましょう．具体的には，従業員テーブルの「都道府県」フィールドが「東京都」である（＝完全一致）条件でレコードを検索します．

［手順1］ ＜作成＞タブをクリックし，次に＜クエリデザイン＞をクリックします．

［手順2］ ＜テーブルの表示＞では「従業員テーブル」を追加し，フィールドリストを表示させます．

［手順3］ フィールドリストのテーブル名である「従業員テーブル」をダブルクリックし，すべてのフィールドを選択します（図3.70）．

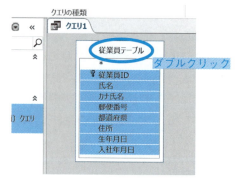

図3.70　フィールドの全選択

［手順4］ 選択されたフィールドをデザイングリッドの一番左の列にドラッグ＆ドロップします．デザイングリッドにフィールドが追加されます（図3.71）．

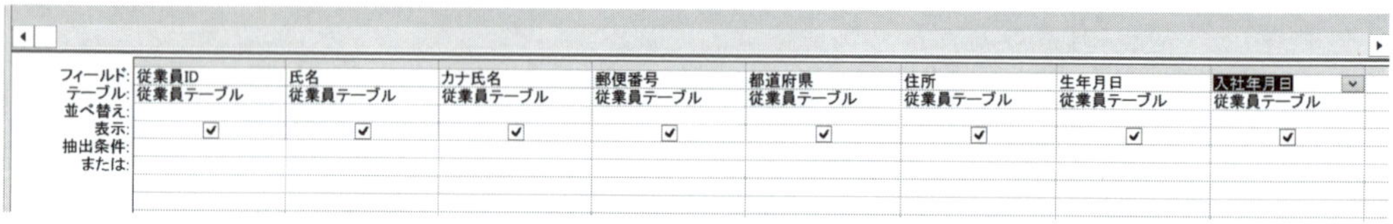

図3.71　デザイングリッドへのフィールドの追加

［手順5］ 都道府県フィールドの＜抽出条件＞をクリックし，「東京都」を入力します．エンターキー（リターンキー）を押すと「"東京都"」と自動的に変換されます（図3.72）[20]．

図3.72　都道府県フィールドの抽出条件の入力と自動変換

［手順6］ ＜実行＞ボタンをクリックし，クエリを実行します．

---

[20] 条件に文字列を指定する場合は「"文字列"」とダブルクォーテーション（"）で囲むのが正式ですが，Access側が自動で判断し変換してくれたわけです．もちろん最初から「"東京都"」と入力してもOKです．

[手順7] データシートビューに切り替わり，クエリの結果が表示されます（図 3.73）．都道府県フィールドが「東京都」のレコードだけが表示されていることを確認しましょう．

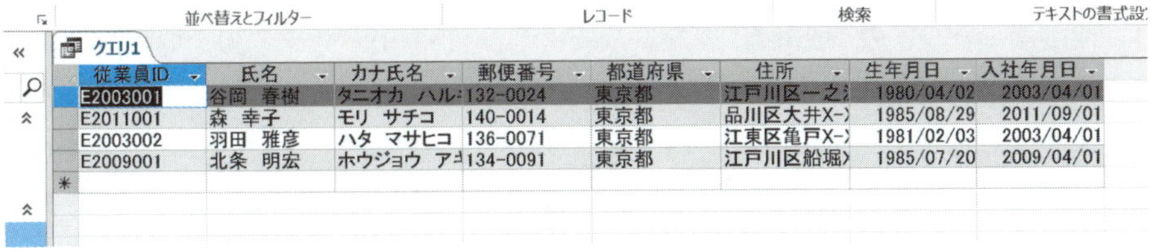

図 3.73 データシートビューのクエリ結果（「東京都」）

[手順8] <上書き保存>ボタンをクリックします．<クエリ名>に「従業員_東京都クエリ」と入力し，<OK>ボタンをクリックして保存します（図 3.74）．

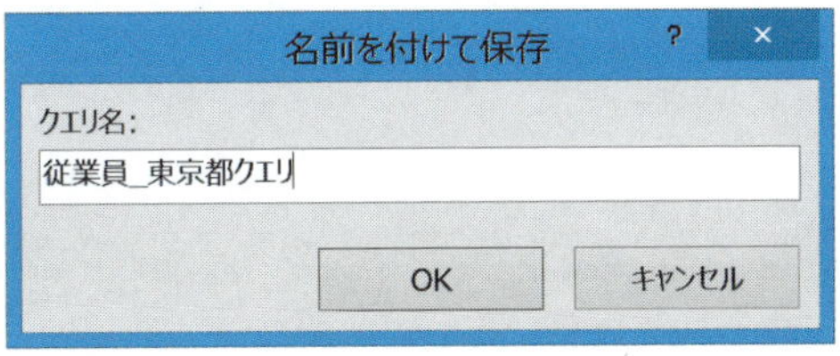

図 3.74 クエリ名「従業員_東京都クエリ」の入力

[手順9] ナビゲーションウィンドウの<クエリ>グループに「従業員_東京都クエリ」があることを確認します（図 3.75）．

図 3.75 ナビゲーションウィンドウの「従業員_東京都クエリ」

[手順10] クエリを閉じます．

演習　従業員テーブルへのあいまいな条件を指定したクエリ

ここでは東京都の「江戸川区」に住んでいる従業員を検索してみましょう．先ほどの演習と似ていますが，同じ方法ではうまくいきません．実際のデータを見ると分かるように（p.79, 図 3.54），住所フィールドについては「○▲区」や「■△市」から始まり最後の番号まで含みます．したがって，単純に住所フィールドに「江戸川区」を指定しても検索できません（完全一致になってしまいます）．このような場合には「あいまいな条件（= Like 検索）」を使います．あいまいな条件による検索では，ワイルドカードと呼ばれる特殊な文字（p.85 表 3.8）を使って検索します．今回の演習

では「江戸川区*」と指定するだけです．

[手順1] 新しいクエリをデザインビューで作成し，従業員テーブルのすべてのフィールドをデザイングリッドに追加します（p.86の［手順1］から［手順4］)[21]．

[手順2] 住所フィールドの<抽出条件>をクリックし，「江戸川区*」を入力，エンターキー（リターンキー）を押します．自動的に「Like "江戸川区*"」と変換されます（図3.76)[22]．

図3.76 あいまいな条件の入力とLike条件へ自動変換

[手順3] <実行>ボタンをクリックし，クエリを実行します．

[手順4] データシートビューに切り替わり，クエリの結果が表示されます（図3.77）．住所フィールドが「江戸川区」で始まるレコードだけが表示されていることを確認しましょう．

図3.77 データシートビューのクエリ結果（「江戸川区」）

[手順5] <上書き保存>ボタンをクリックし，クエリ名として「従業員_江戸川区クエリ」と入力し保存します．

[手順6] クエリを閉じます．

演習 従業員テーブルへの比較演算子を使った条件を指定したクエリ

フィールドの値がある範囲内のレコードを検索するために比較演算子を使ってみましょう（p.85 表3.9）．ここでは2010年4月1日以降に入社した従業員を検索してみます．「以降」（=「以上」）の条件なので，比較演算子は「>=」を使います．具体的には入社年月日フィールドの<抽出条件>に「>= 2010/4/1」を指定します．

[手順1] 新しいクエリをデザインビューで作成し，従業員テーブルのすべてのフィールドをデザイングリッドに追加します（p.86の［手順1］から［手順4］）．

[手順2] 入社年月日フィールドの<抽出条件>をクリックし，「>= 2010/4/1」を入力，エンターキー（リターンキー）を押します．自動的に「>= #2010/04/01#」と変換されます（図3.78)[23]．

[手順3] <実行>ボタンをクリックし，クエリを実行します．

[手順4] データシートビューに切り替わり，クエリの結果が表示されます（図3.79）．入社年月日フィールドが「2010/4/1」以降のレコードだけが表示されていることを確認しましょう．

---

[21] 「従業員_東京都クエリ」をコピーしてから，貼り付けで作成してもOKです．その場合，クエリ名は「従業員_江戸川区クエリ」とし，デザイングリッドの都道府県フィールドの<抽出条件>をクリアします．

[22] あいまいな条件はこのように「Like "ワイルドカードを使った文字列"」と書くのが正式ですが，Access側が自動で判断し変換してくれたわけです．もちろん最初から「Like "江戸川区*"」と入力してもOKです．

[23] 日付/時刻型のデータは「#」で囲んで指定します．ただし，Accessが判断できる場合は自動的に「#」が付きますので，ここでは「>= 2010/4/1」と入力しても大丈夫です．

図 3.78　入社年月日の条件の入力と日付データへの自動変換

図 3.79　データシートビューのクエリ結果（「2010/4/1」以降入社）

[手順5]　＜上書き保存＞ボタンをクリックし，クエリ名として「従業員_2010年4月1日以降入社クエリ」と入力し保存します．

[手順6]　クエリを閉じます．

● **条件を指定したレコードの検索（条件が2つ以上の場合）**

条件が2つ以上になる場合，例えば，会員情報テーブルから東京在住で「かつ」30歳以上の会員一覧とか，売上テーブルから東京「または」千葉での販売上位の商品リストとか，さまざまな場面で使われます．これらの条件の例は日本語で書きましたが，まさに日本語の「かつ」，「または」をいかに指定するかが分かれば簡単です．

日本語での「かつ」は「**And検索**」と呼ばれ，複数の条件をすべて満たすものが抽出対象となります．日本語の「または」は「**Or検索**」と呼ばれ，複数の条件のどれか1つでも満たすものが抽出対象となります．もちろん条件は2つではなく，3つでもよいですし，And検索とOr検索を組み合わせることもできます．

また，条件に範囲を指定する場合（例えば18歳以上〜20歳未満）は，範囲の両端をそれぞれ条件とするAnd検索で指定することができます（範囲指定専用の演算子を使って指定することもできます）．

Accessでの具体的な指定方法ですが，デザイングリッド上で複数の条件を縦に並べる（Or検索），または横に並べる（And検索）ことで指定します（各条件の書き方は条件が1つの場合と同じです）．同じフィールドでのOr検索は＜抽出条件＞と＜または＞に条件を縦に並べます（図3.80左）．異なる

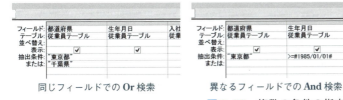

　　同じフィールドでのOr検索　　　異なるフィールドでのAnd検索　　　異なるフィールドでのOr検索

図 3.80　複数の条件の指定

フィールドでの And 検索は<抽出条件>の行に横に並べます（図3.80中）．異なるフィールドでのOr 検索では，一方の条件を<抽出条件>に，もう1つの条件を<または>にずらして並べます（図3.80右）．

演習 従業員テーブルへの複数の条件を検索条件とするクエリ（**Or 検索**）

「千葉県」か「埼玉県」に住んでいる従業員を検索してみましょう．都道府県フィールドが「千葉県」または「埼玉県」である（それぞれ完全一致）レコードを検索します．

[手順1] 新しいクエリをデザインビューで作成し，従業員テーブルのすべてのフィールドをデザイングリッドに追加します（p.86の[手順1]から[手順4]）．

[手順2] 都道府県フィールドの<抽出条件>をクリックし，「千葉県」を入力します．続いて，<または>をクリックし，「埼玉県」を入力します（図3.81）[24]．

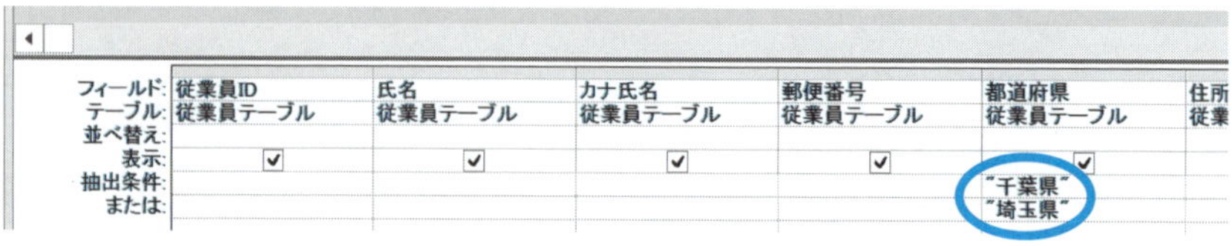

図3.81 都道府県の条件（「千葉県」と「埼玉県」）の入力

[手順3] <実行>ボタンをクリックし，クエリを実行します．

[手順4] データシートビューに切り替わり，クエリの結果が表示されます（図3.82）．住所フィールドが「千葉県」または「埼玉県」のレコードだけが表示されていることを確認しましょう．

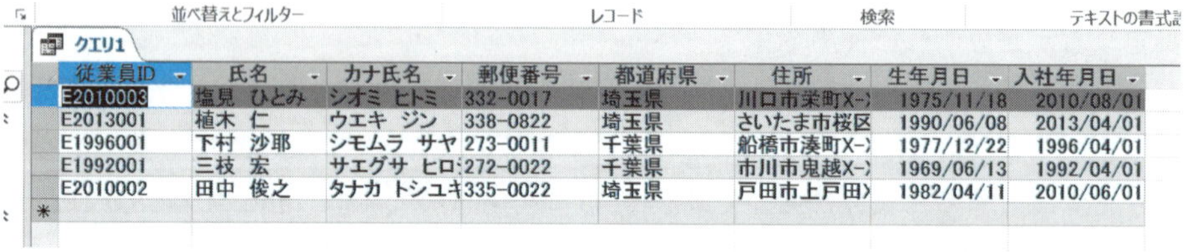

図3.82 データシートビューのクエリ結果（「千葉県」と「埼玉県」）

[手順5] <上書き保存>ボタンをクリックし，クエリ名として「従業員_千葉県または埼玉県クエリ」と入力し保存します．

[手順6] クエリを閉じます．

演習 従業員テーブルへの複数の条件を検索条件とするクエリ（**And 検索**）

複数の条件をすべて満たす検索（And 検索）の演習として，「東京都」に在住で，かつ，「2010年4月1日」より前に入社した従業員を検索してみます．

[手順1] 新しいクエリをデザインビューで作成し，従業員テーブルのすべてのフィールドをデザイングリッドに追加します（p.86の[手順1]から[手順4]）．

[手順2] 都道府県フィールドの<抽出条件>をクリックし，「東京都」を入力します．続いて，入

---
[24] 条件が自動変換された後の画面です．

社年月日フィールドの<抽出条件>をクリックし,「<2010/4/1」を入力します(図3.83)[25].

図 3.83　都道府県と入社年月日フィールドの条件の入力

[手順3]　<実行>ボタンをクリックし,クエリを実行します.
[手順4]　データシートビューに切り替わり,クエリの結果が表示されます(図3.84).都道府県フィールドが「東京都」で,かつ入社年月日が「2010/4/1」より前のレコードだけが表示されていることを確認しましょう.

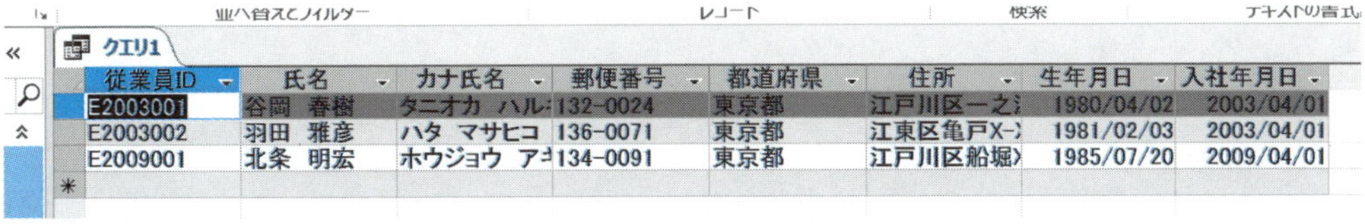

図 3.84　データシートビューのクエリ結果(「東京都」かつ「2010/4/1」前入社)

[手順5]　<上書き保存>ボタンをクリックし,クエリ名として「従業員_東京都かつ2010年4月1日前入社クエリ」と入力し保存します.
[手順6]　クエリを閉じます.

演習　従業員テーブルへの複数の条件を検索条件とするクエリ(範囲指定の検索)

ここでは入社年月日が「2000/4/1」から「2010/3/31」までの従業員を検索してみましょう.このような範囲を指定する検索では **Between** 演算子を使って条件を指定します[26].具体的な書き方は「Between 範囲始まりの値 And 範囲終わりの値」です.この演習の場合は「Between 2000/4/1 And 2010/3/31」と書きます.

[手順1]　新しいクエリをデザインビューで作成し,従業員テーブルのすべてのフィールドをデザイングリッドに追加します(p.86 の[手順1]から[手順4]).
[手順2]　入社年月日フィールドの<抽出条件>をクリックし,「Between 2000/4/1 And 2010/3/31」を入力します(図3.85).

図 3.85　入社年月日の **Between** を使った条件の入力と自動変換後

---

[25] 条件が自動変換された後の画面です.
[26] 「範囲始まりの値以上」で,かつ「範囲終わりの値以下」の And 検索とも言えます.したがって,Between 演算子を使わないで,デザイングリッドに同じフィールドをもう1つ追加し,<抽出条件>に2つの条件を横に並べる方法でもできます.

[手順3] <実行>ボタンをクリックし，クエリを実行します．
[手順4] データシートビューに切り替わり，クエリの結果が表示されます（図3.86）．入社年月日が「2000/4/1」から「2010/3/31」までのレコードだけが表示されていることを確認しましょう．

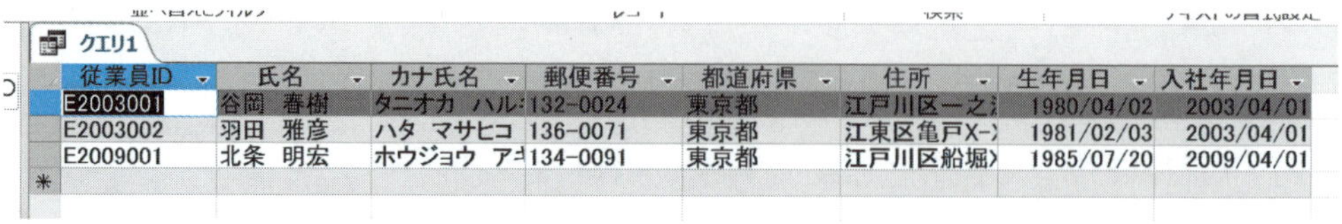

図3.86 データシートビューのクエリ結果（「2000/4/1」から「2010/3/31」入社）

[手順6] <上書き保存>ボタンをクリックし，クエリ名として「従業員_2000年度から2009年度入社クエリ」と入力し保存します．
[手順7] クエリを閉じます．

● パラメータクエリ

パラメータクエリとは，クエリ実行時にその都度条件の値を入力してからクエリを実行させるものです．具体的には，クエリを実行するとダイアログボックスが表示され，そこに条件の値（＝パラメータ）を入力すると，その条件にしたがったクエリが実行されます（図3.87）．例えば，都道府県別の会員情報一覧が見たいときに，あらかじめ特定の都道府県を条件にしたクエリをたくさん作るのは大変です．デザイングリッドの抽出条件の値をその都度変更してクエリ実行を繰り返す，という方法もありますが，これも面倒です．パラメータクエリとして作成すればクエリの作成は1つで済み，かつ実行も簡単です．

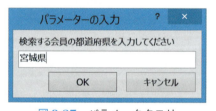

図3.87 パラメータクエリ

具体的な指定方法は，<抽出条件>に大括弧（[ ]）で囲った文字列を指定します．その文字列がクエリ実行時にダイアログボックスのメッセージとして表示され，テキストボックスに入力されたデータがその部分と置き換わって条件となります．同じ条件内に複数指定することもできますので，例えばBetween演算子と組み合わせて「Between [範囲始まりの値は？] And [範囲終わりの値は？]」と指定することもできます（この場合はダイアログボックスが2回表示され，それぞれデータを入力します）．

演習 従業員テーブルへのパラメータクエリ（＋あいまいな条件）

従業員の情報を調べる場合，氏名（や読み仮名）を指定して検索することは多々あります．この場合，調べたい従業員はクエリごとに異なるのが普通ですね．ここではパラメータクエリを使い，従業員テーブルから「カナ氏名」で検索してみましょう．

さらにカナ氏名の一部からでも検索できるように「あいまいな条件」も組み合わせてみます．パラメータクエリでは，単純にワイルドカード文字（例えば「*」）を入力しても自動で「Like 演算子」を補ってくれません．そこで抽出条件には明示的にあいまいな条件である「Like」を書き，パラメータクエリと同時に指定します．

［手順1］　新しいクエリをデザインビューで作成し，従業員テーブルのすべてのフィールドをデザイングリッドに追加します（p.86 の［手順1］から［手順4］）．

［手順2］　カナ氏名フィールドの<抽出条件>をクリックし，「Like [検索する従業員のカナ氏名を入力してください]」を入力します（図 3.88）．

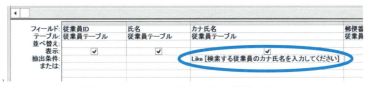

図 3.88　パラメータクエリの条件の入力

［手順3］　上部の<実行>ボタンをクリックし，クエリを実行します．
［手順4］　パラメータクエリのダイアログボックスが表示されますので，「モリ*」と入力し，<OK>ボタンをクリックします（図 3.89）．

図 3.89　パラメータクエリの実行

［手順5］　ビューが切り替わり，クエリの結果が表示されます（図 3.90）．カナ氏名が「モリ」から始まるレコードだけが表示されていることを確認しましょう．

図 3.90　データシートビューのクエリ結果（パラメータクエリ）

［手順6］　<上書き保存>ボタンをクリックし，クエリ名として「従業員_パラメータ_カナ氏名クエリ」と入力し保存します．
［手順7］　クエリを閉じます．

3.4 テーブルとクエリの応用

関連をもつ複数テーブルのデータベース

● テーブルが複数必要な場合とは？

ここまではテーブルが1つの場合について学んできました．実際のところ，テーブルが1つで済むなら，わざわざ Access を使わなくても Excel で十分です．Access の本領が発揮されるのはテーブルが複数（2つ以上）になる場合です．もう少し厳密に言えば，対象とするデータが，複数のテーブルに分けた方がデータの管理がより効率的にできるような場合と言えます．

具体例として前節に引き続き，ある会社における従業員を管理するデータベースを考えます．これまで扱ってきたのは，従業員の個人情報（属性）を管理する従業員テーブルでした．ここでは新たに従業員の出退勤管理（勤怠管理）を行いたいと思います．各従業員について，日ごとの出社時刻と退社時刻，休憩時間といったデータであり，イメージとしてはタイムカードです（図 3.91）．この場合，どのような構造のテーブルが必要になるでしょうか？

従業員番号:　E014382
氏名:　山田太郎
所属:　千葉支店

2015年 3月

日付	出社時刻	時間内 退出時刻	時間内 出社時刻	退社時刻	時間外
1	9:00	12:00	13:00	17:30	
2	9:00	12:00	13:15	18:00	
3					
4	9:00	12:15	13:15	17:00	
5	8:30	12:15	13:30	18:00	
6	9:15	12:00	13:00	17:15	
7	8:15	13:00	14:00	17:00	
8					
9					
10	13:00			18:00	
11					
12	9:00	12:00	13:00	17:15	
13	8:45	12:30	13:00	18:00	
14	9:15	12:15	13:30	17:45	
15					

図 3.91　タイムカード

何通りか考えられますが，従業員テーブルがすでにあるので，これを活用してみましょう．例えば表 3.10 の構造はどうでしょうか？

ここまで学んだ方なら気づいたと思いますが，これは Access のテーブルとしてはダメです．テーブルでは，縦と横には規則正しくデータが1つずつ入る構造となっていなければなりません[27]．

これはマズい，ということで，今度は表 3.11 のような構造ならどうでしょうか？

これならテーブルの構造としては問題ありません．とはいえ直観的に見て「何だか無駄だなぁ」と思った方はセンスがあります．例えば A さんが転居して住所が変わったらどうなるでしょうか．郵便番号，都道府県，住所フィールドについて，A さんのものをすべて検索し，全部を変更する必要があります．これはなかなか大変な作業ですし，変更漏れがあってもおかしくありません．また，どう考えても住所のデータなんか1人に1つあれば十分です．他の個人属性についても同様で，結局のところ，そもそも従業員テーブルのフィールドだった部分が丸っきり無駄です．

こういった場合は複数のテーブルに分けて，かつ，それらのテーブルで関連をもたせます（図 3.92）．

ポイントは出退勤テーブルの「従業員 ID」フィールドです．このフィールドで「どの従業員の出退勤データか」を識別するわけです．この「従業員 ID」は従業員テーブルのフィールドでもあり，このフィールドによって2つのテーブルは関連性を保ちます．

---

27) Excel では可能ですが管理は大変です．

表 3.10　出退勤管理も含めた従業員テーブル

従業員ID	氏名	カナ氏名	郵便番号	都道府県	住所	生年月日	入社年月日	勤務日	出社時刻	退社時刻	休憩時間分
E2003002	谷岡 春樹	タニオカ ハ	132-0024	東京都	江戸川区一	1980/4/2	2003/4/1	2015/7/1	9:30	17:00	60
								2015/7/2	9:00	17:30	75
								2015/7/5	12:30	18:30	30
								...	...	...	...
								2015/8/30	9:30	12:30	0
E2010003	塩見 ひとみ	シオミ ヒトミ	332-0017	埼玉県	川口市栄町	1975/11/18	2010/8/1	2015/7/2	8:30	16:30	45
								2015/7/4	8:45	17:00	60
								2015/7/5	9:00	15:00	75
								...	...	...	...
								2015/8/31	10:00	18:15	60
...	...	...	...	...	...	...	...	...	...	...	...

表 3.11　出退勤管理も含めた従業員テーブル改訂版

従業員ID	氏名	カナ氏名	郵便番号	都道府県	住所	生年月日	入社年月日	勤務日	出社時刻	退社時刻	休憩時間分
E2003002	谷岡 春樹	タニオカ ハ	132-0024	東京都	江戸川区一	1980/4/2	2003/4/1	2015/7/1	9:30	17:00	60
E2003002	谷岡 春樹	タニオカ ハ	132-0024	東京都	江戸川区一	1980/4/2	2003/4/1	2015/7/2	9:00	17:30	75
E2003002	谷岡 春樹	タニオカ ハ	132-0024	東京都	江戸川区一	1980/4/2	2003/4/1	2015/7/5	12:30	18:30	30
...	...	...	...	...	...	...	...	...	...	...	...
E2003002	谷岡 春樹	タニオカ ハ	132-0024	東京都	江戸川区一	1980/4/2	2003/4/1	2015/8/30	9:30	12:30	0
E2010003	塩見 ひとみ	シオミ ヒトミ	332-0017	埼玉県	川口市栄町	1975/11/18	2010/8/1	2015/7/2	8:30	16:30	45
E2010003	塩見 ひとみ	シオミ ヒトミ	332-0017	埼玉県	川口市栄町	1975/11/18	2010/8/1	2015/7/4	8:45	17:00	60
E2010003	塩見 ひとみ	シオミ ヒトミ	332-0017	埼玉県	川口市栄町	1975/11/18	2010/8/1	2015/7/5	9:00	15:00	75
...	...	...	...	...	...	...	...	...	...	...	...
E2010003	塩見 ひとみ	シオミ ヒトミ	332-0017	埼玉県	川口市栄町	1975/11/18	2010/8/1	2015/8/31	10:00	18:15	60

図 3.92　従業員テーブルと出退勤テーブル

● 主キーと外部キー

従業員テーブルと出退勤テーブルの 2 つのテーブルで共通になっている「従業員 ID」フィールドのように，2 つのテーブルを結びつける共通したフィールドが非常に重要です．これは特に出退勤テーブルにおいて「**外部キー**」と呼ばれます（従業員テーブルでは主キー）．

一般的に，2 つ（複数）のテーブルの関連を保つため，あるテーブルの主キーが，もう一方のテーブルにも共通して定義されている場合，そのフィールドが外部キーとなります[28]．また，主キーをもつテーブルを「**一側テーブル**」，外部キーをもつテーブルを「**多側テーブル**」と呼びます．これは一側テーブルの 1 つのレコードについて，多側テーブルには対応するレコードは複数あるからです[29]．例えば，従業員テーブルにおける A さんの個人情報データは 1 つですが，A さんの出退勤データは出退勤テーブルに複数ある関係です[30]．

この外部キーによる関連があれば，複数のテーブルを結合した検索などが行えます．例えば各従業員の勤務明細を作成，なんてことが一発でできます（p.61，図 3.8「本章全体で扱うデータベース」を参照）．

● 参照整合性

参照整合性は関連する複数のテーブル間でデータの矛盾をなくすための制約であり，意図しない間違った操作を事前に防ぐことができます．テーブル同士の関連を設定するときに，この参照整合性も任意で指定します．指定すると 3 つの制約が設定されますが（表 3.12），このうち 2 番目と 3 番目の制約は個別で外すこともできます．最初のうちは基本的に参照整合性を指定しておいたほうが安全です．

表 3.12　参照整合性

制約	例
一側テーブルに対応がないレコードを多側テーブルに登録できない．	従業員 ID が 238 であるレコードが従業員テーブルにない場合，出退勤テーブルで従業員 ID が 238 のレコードは作成できない．
多側テーブルに対応するレコードがある場合，一側テーブルの主キーを変更できない．	従業員 ID が 238 のレコードが出退勤テーブルにある場合，従業員テーブルの対応するレコード（従業員 ID が 238）の従業員 ID を変更することはできない．
多側テーブルに対応するレコードがある場合，一側テーブルのレコードを削除できない．	従業員 ID が 238 のレコードが出退勤テーブルにある場合，従業員テーブルの対応するレコード（従業員 ID が 238）の削除はできない．

リレーションシップ（＝関連）のあるテーブルの作成

リレーションシップのあるテーブルの作成は，まずは個別にそれぞれのテーブルを作成してから，それらのテーブル間にリレーションシップを設定します．

---

[28] データ型はもちろん同じでなければなりませんが，フィールド名は同じである必要はありません．テーブルの定義で外部キーであることを指定します．

[29] この 2 つのテーブルの関係を「一対多」の結合（関連）と呼びます．他にも「一対一」，「多対多」の結合の 3 種類ありますが，リレーショナルデータベースにおいては基本的に一対多の結合しか扱いません．

[30] 逆は成り立ちません．ある 1 つの出退勤レコードが A さんにも B さんにも対応する，ということはありません．

ここでは従業員管理データベースに新しく出退勤テーブルを作成し，従業員テーブルとの間にリレーションシップを設定してみます．

演 習 出退勤テーブルの作成とデータのインポート

各従業員の出退勤データを入れる出退勤テーブルを作成します（表3.13）．この出退勤テーブルのフィールドとして「従業員ID」があることが重要です．これは後ほど従業員テーブルとのリレーションシップに必要です．さらにここでは具体的な出退勤データもインポートしておきます．

表3.13 出退勤テーブルの定義

フィールド名	データ型	備考（フィールドプロパティなど）
出退勤番号	オートナンバー型	主キー
従業員ID	短いテキスト	外部キー
勤務日	日付/時刻型	
出社時刻	日付/時刻型	
退社時刻	日付/時刻型	
休憩時間分	数値型	

［手順1］ 表3.13のフィールドをもつ出退勤テーブルを作成し，保存します（テーブル名は「出退勤テーブル」）（p.66を参照）．出退勤番号フィールドのデータ型は**オートナンバー型**（Accessが自動でレコードごとに整数値を順番に付けます）で，かつ，このフィールドを主キーとします（図3.93）．従業員IDフィールドの外部キーの設定は次の演習で行います．

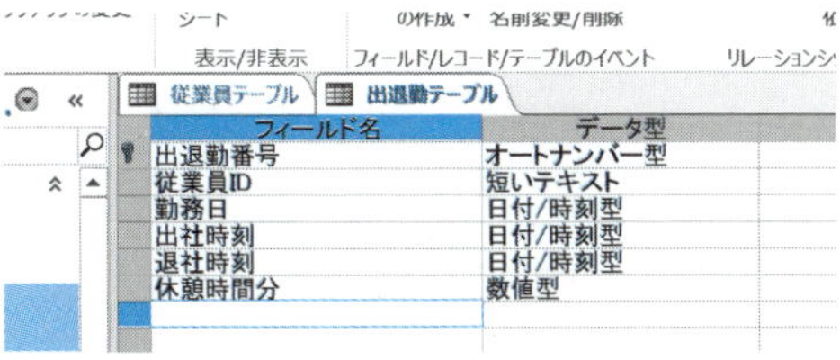

図3.93 出退勤テーブルのデザインビュー

［手順2］ 出退勤テーブルを閉じます．
［手順3］ 出退勤テーブルに演習データのExcelファイルをインポートします（p.77を参照）．演習データファイルは「第3章」フォルダの「出退勤データ.xlsx」ファイルです．
［手順4］ 出退勤テーブルをデータシートビューで開き，データを確認します（図3.94）．

図3.94 インポート後の出退勤テーブルのデータシートビュー（一部）

[手順 5] 出退勤テーブルを閉じます．

> **演 習**　従業員テーブルと出退勤テーブル間のリレーションシップの設定

従業員テーブル（一側）と出退勤テーブル（多側）間でリレーションシップを設定します．「従業員 ID」フィールドが外部キーになります．

[手順 1] ＜データベース ツール＞タブの＜リレーションシップ＞をクリックします（図 3.95）．

[手順 2] ＜リレーションシップ＞ウィンドウが開き，さらに＜テーブルの表示＞ダイアログボックスが表示されます．リレーションシップの対象となる「従業員テーブル」と「出退勤テーブル」の両方を選択し，＜追加＞ボタンをクリックして，＜閉じる＞ボタンで閉じます（図 3.96）．

図 3.95　リレーションシップの設定開始

図 3.96　リレーションシップを設定するテーブルの選択

[手順 3] ＜リレーションシップ＞ウィンドウに選択したテーブルのフィールドリストが表示されます（図 3.97）．

図 3.97　対象テーブルのフィールドリスト

[手順 4] 主キーのフィールドを外部キーとなるフィールドへドラッグ＆ドロップします．ここでは従業員テーブルの「従業員 ID」を，出退勤テーブルの「従業員 ID」へドラッグ＆ドロップです（図 3.98）．

[手順 5] ＜リレーションシップ＞ダイアログボックスが表示されますので，＜参照整合性＞にチェックを入れ，＜作成＞ボタンをクリックします（図 3.99）[31) 32)．

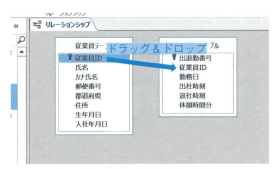

図 3.98　主キーと外部キーの指定

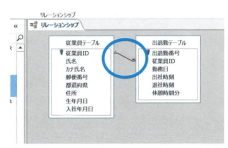

図 3.99　リレーションシップダイアログ　　図 3.100　リレーションシップを表す結合線

［手順 6］　<リレーションシップ>ウィンドウに結合を表す線が表示されます．線の両端の記号である「1」は一側テーブル，「∞」は多側テーブルを表し，その 2 つで「一対多」の結合を表しています（図 3.100）．

図 3.101　〈リレーションシップのレイアウトの変更〉の保存

［手順 7］　<リレーションシップ>ウィンドウを閉じます．リレーションシップのレイアウトの変更を保存する確認では<はい>ボタンをクリックします（図 3.101）．

---

[31] ここで<フィールドの連鎖更新>および<レコードの連鎖削除>をチェックすると，それぞれ表 3.12 における 2 番目，3 番目の制約がなくなります．
[32] <結合の種類>ボタンをクリックすると結合の種類が選べます．「リレーションがあるレコードのみ」（デフォルト），「リレーションがあるレコードと一側テーブルのすべてのレコード」，「リレーションがあるレコードと多側テーブルのすべてのレコード」の 3 つです．

クエリの応用（複数テーブルへのクエリと特別なクエリ）
● 複数テーブルへのクエリ

リレーションシップをもつ複数のテーブルへのクエリは，1つのテーブルの場合と基本的に同じで簡単に行えます[33]．フィールドリストから表示したいフィールドをデザイングリッドにドラッグ＆ドロップし，必要に応じてそれぞれのフィールドの並び順やレコード検索条件を指定するだけです．

演習 従業員テーブルと出退勤テーブルから特定のフィールドを表示するクエリ

出退勤テーブルには従業員の属性情報はありません．唯一あるのが外部キーの従業員IDです．したがって，この出退勤テーブルを表示しただけでは，誰の出退勤データなのかは非常に分かりにくいです．このような場合に，関連をもつテーブルを結合してクエリを行います．

ここでは出退勤テーブルの情報に加え，従業員の氏名も表示してみましょう．また，レコードの並び順としては，勤務日フィールドで昇順に，同じ勤務日では従業員IDフィールドで昇順に表示させます．さらにこの演習では，クエリ結果のフィールドの順番を変える（＝デザイングリッド上でのフィールドの順番を変える），デザイングリッドに追加したフィールドをクエリ結果には表示させない，という方法も同時に学びます．

[手順1] 新しいクエリをデザインビューで作成します．
[手順2] ＜テーブルの表示＞ダイアログボックスでは，従業員テーブルと出退勤テーブルの2つのテーブルを追加します（図3.102）．

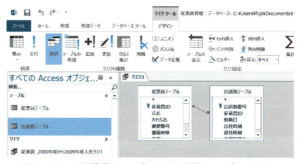

図3.102 従業員テーブルと出退勤テーブルの追加

[手順3] 出退勤テーブルの＜フィールドリスト＞のタイトルをダブルクリックして全フィールドを選択し，デザイングリッドの一番左にドラッグ＆ドロップします（図3.103）．

図3.103 出退勤テーブルの全フィールドの追加

---

[33] この簡単さはAccessの特長とも言えます．他のリレーショナルデータベースではそれなりに大変です．

[手順4] 従業員テーブルの<フィールドリスト>から「氏名」フィールドをデザイングリッドの勤務日フィールドにドラッグ＆ドロップします．勤務日フィールドの前に氏名フィールドが挿入されます（図 3.104）．

図 3.104　従業員テーブルの「氏名」フィールドの追加

[手順5] 勤務日フィールドの表示順を一番左にします．デザイングリッドの勤務日フィールドの最上段にある余白（マウスカーソルが下矢印（↓）に変わるところ）（図 3.105 左）をクリックし選択してから（図 3.105 右），出退勤番号フィールドまでドラッグ＆ドロップします（図 3.106）．

図 3.105　フィールドの選択前とフィールドの選択後

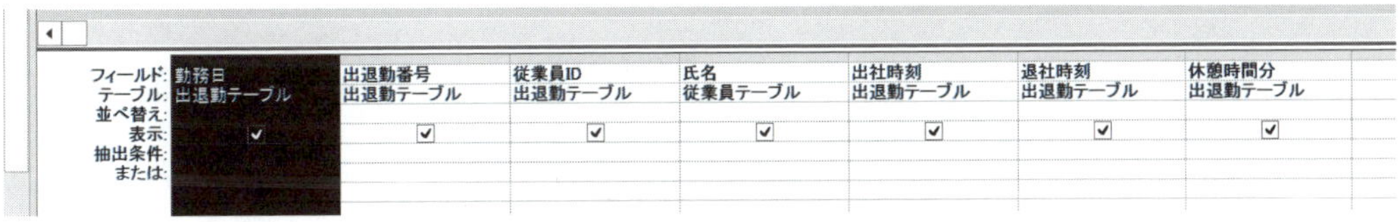

図 3.106　勤務日フィールドの移動

[手順6] 出退勤番号フィールドの<表示>にあるチェックを外します[34]．さらに勤務日フィールドと従業員 ID フィールドの<並べ替え>を「昇順」にします（図 3.107）．

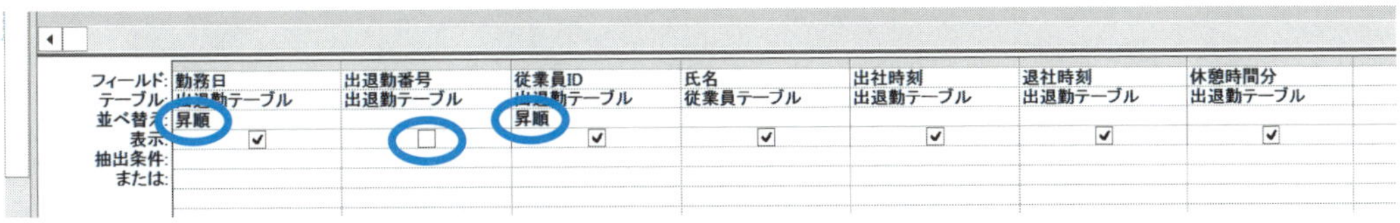

図 3.107　出退勤番号の非表示と出勤日・従業員 ID の並べ替え

[手順7] クエリを実行します．
[手順8] データシートビューにクエリ結果が表示されます（図 3.108）．出退勤データのそれぞれに氏名が表示されていることを確認しましょう．
[手順9] <保存>ボタンをクリックし，クエリを保存します（クエリ名は「従業員出退勤クエリ」）．

---

[34] 出退勤番号はテーブルの管理上必要な主キーとしてのフィールドなので，今回のクエリでは非表示にします．

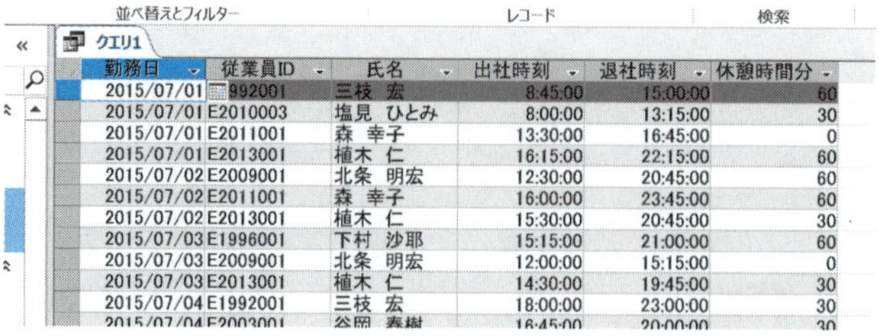

勤務日	従業員ID	氏名	出社時刻	退社時刻	休憩時間分
2015/07/01	992001	三枝　宏	8:45:00	15:00:00	60
2015/07/01	E2010003	塩見　ひとみ	8:00:00	13:15:00	30
2015/07/01	E2011001	森　幸子	13:30:00	16:45:00	0
2015/07/01	E2013001	植木　仁	16:15:00	22:15:00	60
2015/07/02	E2009001	北条　明宏	12:30:00	20:45:00	60
2015/07/02	E2011001	森　幸子	16:00:00	23:45:00	60
2015/07/02	E2013001	植木　仁	15:30:00	20:45:00	30
2015/07/03	E1996001	下村　沙耶	15:15:00	21:00:00	60
2015/07/03	E2009001	北条　明宏	12:00:00	15:15:00	0
2015/07/03	E2013001	植木　仁	14:30:00	19:45:00	30
2015/07/04	E1992001	三枝　宏	18:00:00	23:00:00	30
2015/07/04	E2003001	谷岡　春樹	16:45:00	20:00:00	30

図 **3.108**　結合した従業員テーブルと出退勤テーブルからのクエリ結果（一部）

● 演算フィールドを使ったクエリ

クエリでは，各レコードのフィールドの値をそのまま表示するだけでなく，フィールドの値を使って計算などを行い，その結果を表示することもできます（＝演算フィールド）．**算術演算子**（表3.14）を組み合わせた計算式や，さらに**関数**[35]も利用できます．

具体的には，デザイングリッドの<フィールド>の部分について，以下のように新しいフィールドの名前と計算式を半角のコロン（:）で区切って入力します．計算式内で他のフィールドの値を使うにはフィールド名を大括弧で囲みます（[フィールド名]）[36]．

> **フィールド名：計算式**
>
> フィールド名 … クエリ結果における（新しく作成する）フィールドの名前です．
>
> 計算式 … 演算子や関数，既存のフィールドを使った計算式です．既存のフィールドは［フィールド名］のように［］で囲みます．

表 **3.14**　算術演算子

演算子	説明	例	例の結果
+	加算	12 + 5	17
−	減算	12 − 5	7
*	乗算	12 * 5	60
/	除算	12/5	2.4
Mod	除算の余り	12 Mod 5	2
^	累乗	2 ^ 3	8

演　習　勤務拘束時間（分）を計算するクエリ

出退勤テーブルの出社時刻と退社時刻から勤務拘束時間（＝休憩時間を含む勤務時間）を計算してみましょう．具体的には出社時刻と退社時刻の差分を計算します．引き算（「-」）を使いたいところですが，日付/時刻型のデータの場合は**DateDiff関数**を使います．また，ここでは後々のことを

---

35) あらかじめ用意されているひとまとまりの処理のことで，Excelでの関数と同じ意味です．AccessとExcelで共通で利用できる関数もありますし，それぞれにしかない関数もあります．

36) 1つの計算式で複数のフィールドも指定できます．また，デザイングリッドに追加していないフィールドも指定可能です．

考え単位は「分」で求めてみます．

> DateDiff ("時間間隔", 日時その1, 日時その2)
> 2つの日時の差異を指定した時間間隔の単位で求めます．
>
> 時間間隔 … 日時その1と日時その2の間の差異を計算するときの時間間隔を表す文字列．
>
> | | | | |
> |---|---|---|---|
> | yyyy | 年 | w | 週日 |
> | q | 四半期 | ww | 週 |
> | m | 月 | h | 時 |
> | y | 年間通算日 | n | 分 |
> | d | 日 | s | 秒 |
>
> 日時その1 … 時間間隔を求めたい最初の日時．
> 日時その2 … 時間間隔を求めたい最後の日時（日時その1が日時その2より後の場合は負の値を返す）．

[手順1] 従業員出退勤クエリをデザインビューで開きます．すでに開いている場合でもデータシートビューの場合はデザインビューに切り替えます．

[手順2] デザイングリッドの右端にある空白のフィールドにおいて，＜フィールド＞に「勤務拘束時間分:DateDiff ("n", [出社時刻], [退社時刻])」と入力します（図3.109）．

図 3.109 勤務拘束時間（分）の計算式の入力

[手順3] クエリを実行します．

[手順4] データシートビューにクエリ結果が表示されます（図3.110）．勤務拘束時間分が計算・表示されていることを確認しましょう．

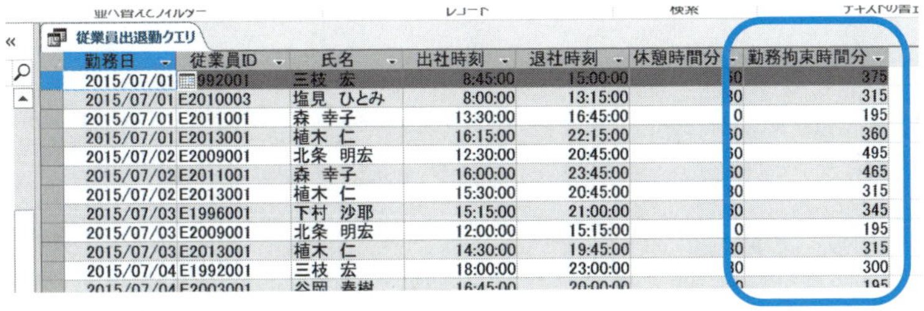

図 3.110 勤務拘束時間（分）を含むクエリ結果

[手順5] ＜上書き保存＞ボタンをクリックし，クエリを保存します．

演習 勤務時間数（時間）を計算するクエリ

休憩時間を除いた勤務時間数を時間単位で計算してみましょう．先ほどの演習内容に四則演算を組み合わせた計算式を作ります．具体的には勤務拘束時間（分）から休憩時間（分）を引いて60で割ります．ここでは先ほどの勤務拘束時間分フィールドを上書きします．

[手順1] 従業員出退勤クエリをデザインビューで開きます．
[手順2] デザイングリッドの勤務拘束時間分フィールド（先の演習で作成）において，＜フィールド＞に「勤務時間数:(DateDiff ("n", [出社時刻], [退社時刻])-[休憩時間分])/60」と入力（上書き）します（図3.111）．

図3.111　勤務時間数の計算式の入力

[手順3] クエリを実行します．
[手順4] データシートビューにクエリ結果が表示されます（図3.112）．勤務時間数（単位は時間）が計算・表示されていることを確認しましょう．

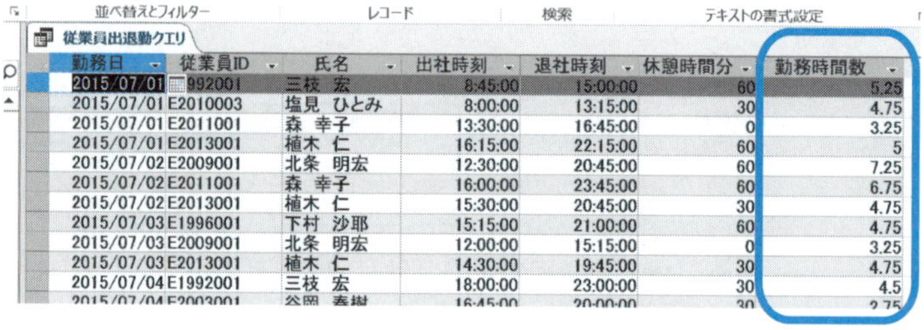

図3.112　勤務時間数を含むクエリ結果

[手順5] ＜上書き保存＞ボタンをクリックし，クエリを保存します．
[手順6] クエリを閉じます．

● 集計クエリ

　集計クエリは，複数のレコードをひとまとめのグループにして（指定したフィールドの値が同じレコード同士），そのグループごとに何らかの処理を行い結果を表示するものです．例えば，出退勤テーブルから従業員ごとに1ヶ月の勤務日数を計算したり，商品テーブルから商品カテゴリごとの平均単価を計算するなど，さまざまなことができます（表3.15）．具体的な指定方法は，まずどのフィールドでひとまとめにするかを指定し（＝グループ化），そのグループごとに行う集計を指定します．

　演　習　　従業員ごとの総勤務時間数を集計するクエリ

　ここでは出退勤テーブルから従業員ごとの全期間における総勤務時間数を集計してみましょう．出退勤テーブルの従業員IDフィールドが同じレコードをグループとしてひとまとめ（＝従業員1人分）にし，そのグループごとに総勤務時間数の合計を計算します．
[手順1] ナビゲーションウィンドウで「従業員出退勤クエリ」をコピー，貼り付けし，「従業員出退勤_集計クエリ」を作成します．
[手順2] 「従業員出退勤_集計クエリ」をデザインビューで開きます．

表 3.15 集計の種類

集計	説明
グループ化	グループ化したいフィールドを指定（このフィールドの値が同じものでグループ化される）
合計	グループ内の合計を計算
平均	グループ内の平均を計算
最小	グループ内の最小値を取得
最大	グループ内の最大値を取得
カウント	グループ内のデータ数を取得
標準偏差	グループ内の標準偏差を計算
分散	グループ内の分散を計算
先頭	グループ内の先頭のデータを取得
最後	グループ内の最後のデータを取得
演算	集計関数を使用した計算式を指定
Where 条件	レコードの抽出条件として使う場合に指定（クエリ結果には表示されない）

[手順3] <デザイン>タブの<集計>ボタンをクリックします（図3.113）．デザイングリッドに<集計>の項目が追加されます（図3.114）．<集計>の項目はすべてのフィールドで「グループ化」になります．

図 3.113 〈集計〉ボタン　　　　　図 3.114 追加された〈集計〉の項目

[手順4] 従業員ごとにグループ化したいので，従業員IDと氏名フィールドの<集計>は「グループ化」にします（デフォルトのまま）[37]．このグループごとに勤務時間数を合計しますから，勤務時間数フィールドの<集計>は「合計」を選択し，フィールド名は「総勤務時間数」に変更します（計算式はそのまま）．それ以外のフィールドは，<集計>をクリア（Deleteキーで削除）し，<表示>のチェックを外します．また，勤務日フィールドの<並べ替え>も忘れずにクリアします（図3.115）．
[手順5] クエリを実行します．
[手順6] データシートビューにクエリ結果が表示されます（図3.116）．従業員ごとに総勤務時間の合計が計算・表示されていることを確認しましょう．

---

[37] 従業員IDフィールドと氏名フィールドが同じ値のレコードを1つのグループにします．

図 3.115 〈集計〉〈並べ替え〉〈表示〉等の設定

図 3.116 総勤務時間数（勤務時間数の合計）を含むクエリ結果

［手順 7］ ＜上書き保存＞ボタンをクリックし，クエリを保存します．
［手順 8］ クエリを閉じます．

演 習 従業員ごとの 1 ヶ月の総勤務時間数を集計するクエリ

勤務については 1 ヶ月ごとに区切って集計することがほとんどですので，ここでは従業員ごとの 1 ヶ月の総勤務時間数を集計してみます．ポイントは，グループ化するフィールドとして，先ほどの従業員 ID と氏名に加え，さらに勤務日（の年月）を指定することです．つまり，従業員 ID と氏名が同じで，かつ勤務日の年月が同じレコードをグループとしてひとまとめにします．注意点は，勤務日そのままではグループ化するフィールドにはなりませんので[38]，演算フィールドを使って勤務日の年月だけを取り出します．これには **Format** 関数を利用します．

```
Format (対象データ, "書式")
```
対象とする日時，数値などのデータを指定した書式に変換します．

　　　対象データ　…　書式を指定したい対象となるデータ．
　　　書式　…　書式指定文字（以下は日時に関するものの一部）を含めた書式を表す文字列．
　　　　yyyy　西暦 4 桁　　　　　　　　　　　hh　時間（2 桁の数字）
　　　　yy　　西暦下 2 桁　　　　　　　　　　h　　時間（2 桁または 1 桁の数字）
　　　　mm　　月（2 桁の数字）　　　　　　　 nn　分（2 桁の数字）
　　　　m　　 月（2 桁または 1 桁の数字）　　 n　 分（2 桁または 1 桁の数字）
　　　　dd　　日（2 桁の数字）　　　　　　　 ss　秒（2 桁の数字）
　　　　d　　 日（2 桁または 1 桁の数字）　　 s　 秒（2 桁または 1 桁の数字）
　　　　ddd　 曜日（英語 3 文字）
　　　　aaa　 曜日（日本語 1 文字）

［手順 1］ ナビゲーションウィンドウで「従業員出退勤_集計クエリ」をコピー，貼り付けし，「従業員出退勤_1ヶ月集計クエリ」を作成します．
［手順 2］ 「従業員出退勤_1ヶ月集計クエリ」をデザインビューで開きます．ちなみに先の演習と

---

[38] 勤務日をそのまま使うと，同じ年月日のレコードがグループ化されるので，1 日単位の集計になってしまいます．

デザイングリッドの表示が異なっていますが（図 3.117），クエリの内容としては同じです[39]．

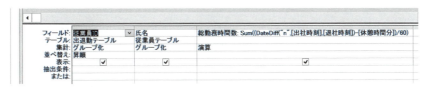

図 3.117　「従業員出退勤_1ヶ月集計クエリ」のデザイングリッド

［手順 3］　空白フィールド（総勤務時間数の右隣）において，<フィールド>に「勤務年月:Format([勤務日], "yyyy/mm")」と入力，<集計>は「グループ化」，<並べ替え>を「昇順」にします（図 3.118）．

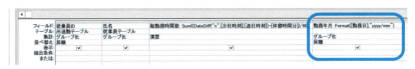

図 3.118　「勤務年月」フィールドの作成

［手順 4］　勤務年月フィールドを選択してから，総勤務時間フィールドにドラッグ＆ドロップし，フィールドの順番を変更します（図 3.119）．

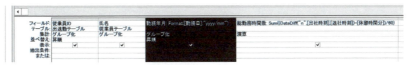

図 3.119　「勤務年月」フィールドの順番の変更

［手順 5］　クエリを実行します．

［手順 6］　データシートビューにクエリ結果が表示されます（図 3.120）．従業員ごとの 1ヶ月の総勤務時間数が計算・表示されていることを確認しましょう．

［手順 7］　<上書き保存>ボタンをクリックし，クエリを保存します．

［手順 8］　クエリを閉じます．

従業員出退勤_1ヶ月集計クエリ

従業員ID	氏名	勤務年月	総勤務時間数
E1992001	三枝 宏	2015/07	57.25
E1992001	三枝 宏	2015/08	84
E1996001	下村 沙耶	2015/07	82.5
E1996001	下村 沙耶	2015/08	66.5
E2003001	谷岡 春樹	2015/07	42
E2003001	谷岡 春樹	2015/08	67.5
E2003002	羽田 雅彦	2015/07	73.25
E2003002	羽田 雅彦	2015/08	54
E2009001	北条 明宏	2015/07	76.75
E2009001	北条 明宏	2015/08	66.25
E2010002	田中 俊之	2015/07	61
E2010002	田中 俊之	2015/08	87.75
E2010003	塩見 ひとみ	2015/07	62.5
E2010003	塩見 ひとみ	2015/08	78.75
E2011001	森 幸子	2015/07	92.5
E2011001	森 幸子	2015/08	71
E2012001	森村 愛奈	2015/07	64.75
E2012001	森村 愛奈	2015/08	77.5
E2013001	植木 仁	2015/07	86
E2013001	植木 仁	2015/08	82.25

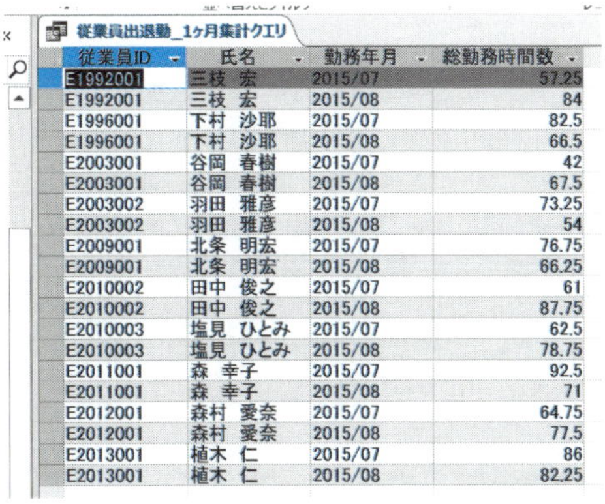

図 3.120　従業員ごとの 1ヶ月総勤務時間数クエリ結果

---

[39] クエリを保存し閉じてから，再度クエリを開くと，デザイングリッドの項目が変更されている場合があります．非表示にしたフィールドが削除されたり，計算式などが自動で変換されるなどです．今回は総勤務時間数フィールドについて，<フィールド>の計算式が Sum 関数（グループごとに足し合わせる関数で，これは<集計>で「合計」を選択したのと同じです）を使ったものに変換され，<集計>が「演算」になります．

3.5 フォーム

フォームとは？

フォームは，テーブルへのデータ入力を行うための専用の画面です（既存データの表示・変更もできます）．自分で操作しやすい画面になるようにさまざまな設定（デザインや入力項目など）を行うことで，自在に作成できます．

これまでテーブルへのデータ入力は，テーブルのデータシートビューを使って入力，言わば直接テーブルを編集していました．もちろんこのフォームを使わないやり方でも構いませんが，テーブルの構造自体の編集（フィールド全体を削除など）までできてしまいます．Access を使い慣れていないユーザや，データ入力や検索だけを行わせたいユーザに操作させることも考えますと，このフォームで専用の入力（表示・編集）画面を作成して利用する方法が便利で安全です．

フォームの形式

フォームには4つの形式（レイアウト）があります[40]．データの構造や操作するユーザなどによって，どの形式が使いやすいかは異なります．フォームはいくつも作成できますので，状況によって異なるレイアウトのフォームを作成しておくのもよいでしょう．

図 3.121　単票形式

図 3.122　表形式

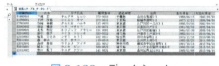

図 3.123　データシート

図 3.124　帳票形式

- **単票形式（カード形式）**

  1つの画面で1件のレコードを入力していくレイアウトです（図 3.121）．項目（フィールド）が多いデータの入力に適したレイアウトです．

- **表形式**

  Excel のワークシートや Access のテーブルにおけるデータシートビューと同様に，縦横にデータ

---

[40] この他にも4つの形式のフォームをいくつか組み合わせた分割フォーム，ナビゲーションフォームなどがあります．

を並べたレイアウトです（図3.122）．項目があまり多くない場合や，前後のレコードを参照しながら入力する場合に適しています．次のデータシートとは異なり，タイトルなどのデザインを変更できます．

- **データシート**

  表形式と同様に複数のレコードを同時に表示しながら編集できるレイアウトです（図3.123）．テーブルのデータシートビューとほとんど同じです．各フィールドの表示/非表示，並べ替えができます．表形式レイアウトとは異なり，デザインの変更はできません．

- **帳票形式**

  単票形式に近いレイアウトですが，フィールドの入力項目を適宜縦横に並べることにより，1つのレコードをよりコンパクトに編集できるレイアウトです（図3.124）．項目（フィールド）が多く，かつ複数のレコードを同時に表示したい場合に適しています．

フォームのビュー

フォームは以下の3つのビュー（表示・編集モード）があります．

図3.125　フォームビュー

図3.126　レイアウトビュー

図3.127　デザインビュー

- **フォームビュー**

  実際にデータを入力（表示・変更）するためのビューです（図3.125）．作成したフォームを利用するという場合はこのビューを使うことになります．

- **レイアウトビュー**

  簡易的にフォームのデザインやレイアウトを編集するためのビューです（図3.126）．実際のデータが表示されますので，具体的に使われるフォームをイメージしながらデザインなどを編集できます．

●デザインビュー

フォームの詳細なデザインやレイアウトを編集するためのビューです（図 3.127）．実際のデータは表示されませんがレイアウトビューより細かな設定ができます．

フォームの作成

フォームの作成方法には以下の方法があります．

●単票形式のフォームを作成（フォームボタンをクリックして作成）

一番基本的なフォームである単票形式のフォームを作成します．ボタン 1 つで作成できるもっとも簡単な方法です．

●空白のフォーム（フォームデザイン）から作成

何も設定されていないフォームを作成します．そこからプロパティなどを個々に指定しながらフォームを作成していく方法です．自由度は高いですが，かなり熟練してから行った方がよいでしょう．

●フォームウィザードから作成

質問にいくつか答えていくことでフォームを作成します．上記 4 つの形式のフォームを手軽に作成できます．

●特別な形式のフォームを作成

複数のフォームを組み合わせたナビゲーションフォームや分割フォームなどを作成します．

ここでは応用が広く，かつ簡単なフォームウィザードを使ってフォームを作成してみます．

演習 従業員データの入力フォームの作成

従業員テーブルにデータを入力するフォームを単票形式で作成してみます．

［手順 1］ ＜作成＞タブをクリックし，＜フォームウィザード＞をクリックします（図 3.128）．

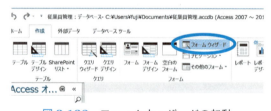

図 3.128 フォームウィザードの起動

［手順 2］ ＜フォームウィザード＞ダイアログボックスが表示されるので，＜テーブル/クエリ＞では「テーブル：従業員テーブル」を選択します．＜選択可能なフィールド＞では「＞＞」ボタンをクリックし，すべてのフィールドを選択，＜次へ＞ボタンをクリックします（図 3.129）．

［手順 3］ フォームのレイアウトでは「単票形式」を選択し，＜次へ＞ボタンをクリックします（図3.130）．

［手順 4］ フォーム名は「従業員フォーム」と入力し，＜フォームを開いてデータを入力する＞を選択，＜完了＞ボタンをクリックします（図 3.131）．

［手順 5］ 作成されたフォームを確認しましょう（図 3.132）．また，ナビゲーションウィンドウに

図 3.129　テーブルとフィールドの選択

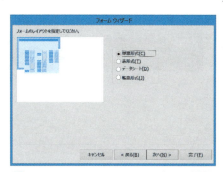

図 3.130　フォームのレイアウトの選択

図 3.131　フォーム名の入力

図 3.132　作成されたフォーム

作成されたフォームがあることも確認します．

演習　　入力フォームを使った従業員データの入力

作成したフォームを使って従業員テーブルに新規レコード（表 3.16）を入力してみましょう．

表 3.16　追加する従業員レコード

従業員 ID	E2013002
氏名	安田　敦子
カナ氏名	ヤスダ　アツコ
郵便番号	141-0031
都道府県	東京都
住所	品川区西五反田 X-X
生年月日	1995/1/8
入社年月日	2013/4/1

［手順1］　ナビゲーションウィンドウから「従業員フォーム」をダブルクリックして開きます（前の演習から引き続いての場合はすでに開いています）．

［手順2］　1番目のレコードのフォームが表示されていますので，＜新しい（空の）レコード＞ボタンをクリックします（図 3.133）．ちなみにその他の矢印ボタンで既存レコードの移動ができます．

［手順3］　空のフォームが表示されますので（図 3.134），各フィールドのデータを入力します（図

112　　第3章　Accessによるデータベースの活用

図3.133　フォーム上での新しいレコードの作成

図3.134　空のフォーム

図3.135　フォーム上の各フィールドへの入力

3.135)．

[手順4]　フォームを閉じます（保存は自動で行われます）．

[手順5]　ナビゲーションウィンドウから「従業員テーブル」ダブルクリックし，テーブルに新しいレコードが追加されたことを確認しましょう（図3.136）．

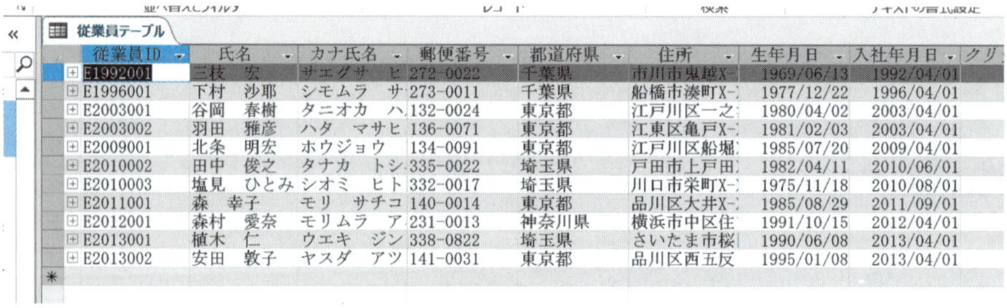

図3.136　フォームで追加されたレコード

[手順6]　従業員テーブルを閉じます．

フォームの編集

　フォームはレイアウトビューもしくはデザインビューを使って自由に編集ができます．フォーム全体のデザイン（テーマ）から，タイトル，入力項目ラベルの文字やフォント，位置など，さまざまです．その編集の中心となるのは**コントロール**と呼ばれる部品です．コントロールにはいくつか種類がありますが，フォームの基本を構成するのは**ラベルコントロール**と**テキストボックスコントロール**です．ラベルコントロールはフォーム上に表示する文字列，テキストボックスコントロールはテキスト（データ）の入力欄です．例えば，先の演習の従業員フォームで言えば，「従業員ID」と表示されている部分はラベルコントロールで，従業員IDの入力欄はテキストボックスコントロールです．

　本書ではフォーム編集のすべてまでは説明できませんので，演習を通して基本的ないくつかを紹介します．具体的には，全体のデザインであるテーマの指定，ラベルコントロールの文字列，書式

の変更,コントロールのサイズ・位置の調整を行ってみましょう.また,ここでは実際のデータを見ながら手軽に編集できるレイアウトビューを使って編集していきます.

演習　フォームのテーマの指定

フォーム全体の統一的なデザインであるテーマを指定してみましょう.

[手順 1]　ナビゲーションウィンドウから「従業員フォーム」を右クリックし,メニューから<レイアウトビュー>で開きます.すでに他のビューで開いている場合は<表示>ボタンで切り替えます.

[手順 2]　<デザイン>タブをクリック,<テーマ>ボタンをクリックし,一覧から「レトロスペクト」を選択します(図 3.137).

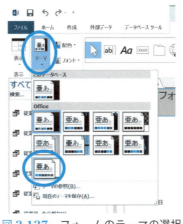

図 3.137　フォームのテーマの選択

[手順 3]　選択したテーマにしたがってフォーム全体のデザインが変更されます(図 3.138).

図 3.138　フォームのテーマの変更後

[手順 4]　フォームを上書き保存します.

演習　コントロールの文字列・書式の変更とサイズ変更

フォームの一番上に表示されるタイトルは,デフォルトではフォーム名がそのまま設定されます.このタイトルの文字列と書式,サイズを変更してみましょう.

[手順 1]　「従業員フォーム」をレイアウトビューで開きます(前の演習から引き続きの場合はすでに開いています).

[手順2] フォーム上部のタイトル「従業員フォーム」(ラベルコントロール)をクリックし,コントロールを選択状態(オレンジで囲まれた状態)にします(図3.139左)[41]。

図3.139 フォームタイトルの選択状態と編集後

[手順3] 選択したコントロールを再度クリックし,テキスト編集状態にします[42]。「従業員データ入力フォーム」と入力し,エンターキー(リターンキー)を押します(図3.139右)。
[手順4] 次にコントロールのサイズを変更します。コントロールの右枠上にマウスカーソルを移動し(マウスカーソルが左右矢印に変わります)(図3.140左),この状態でダブルクリックしテキストの長さに自動調整します(図3.140右)[43]。

図3.140 コントロールのサイズ変更状態と自動調整後

[手順5] 続いて書式(ここではフォントの種類)を変更します。<書式>タブをクリックし,フォントの種類から「HGP創英角ゴシックUB」を選択(図3.141左),変更します(図3.141右)[44]。
[手順6] フォームを上書き保存します。

図3.141 フォント種類の指定と変更後

|演 習| コントロールの移動

入力欄であるテキストボックスとラベルの隙間が少し広いので,テキストボックスを移動し調整してみましょう。ここではコントロールを複数同時に選択,移動します。

---

[41] 前の演習から続いて行っている場合は,すでに選択状態になっている場合があります。
[42] 選択せずに直接ラベルコントロールをダブルクリックしても編集状態になります。
[43] ダブルクリックすると適切なサイズに自動調整されます。ドラッグすれば任意のサイズに変更できます。
[44] フォントのサイズや色などもここで指定できます。

［手順1］　「従業員フォーム」をレイアウトビューで開きます（前の演習から引き続きの場合はすでに開いています）．
［手順2］　各フィールドのテキストボックスコントロールについて，CTRL キーを押しながらクリックし，すべて選択します（図 3.142 左）．

図 3.142　テキストボックスコントロールの選択と移動

［手順3］　ラベル側（左）にドラッグしコントロールを移動させます．カーソルキーも使えますので，左キーを何回か押して移動させても OK です（図 3.142 右）．
［手順4］　先の演習を参考に，テキストボックスコントロール（「従業員 ID」，「氏名」，「カナ氏名」，「郵便番号」，「都道府県」の入力欄）のサイズ（幅と高さ）を適宜調整しましょう（図 3.143）．同じ大きさに合わせたいコントロールを同時に選択し，調整するとうまくいきます[45]．

図 3.143　テキストボックスコントロールのサイズ変更

［手順5］　フォームを上書き保存し，閉じます．

リレーションシップをもつ複数テーブルのフォーム（サブフォーム）

　フォームの形式は基本的に 4 つですが，これらを組み合わせたフォームも作成できます．ここではリレーションシップをもつ複数のテーブルに便利なサブフォームを使ってみましょう．
　具体的には，あるテーブルの 1 つのレコードが，別テーブルの複数のレコードに結合している場合です．例えば，ある 1 人の従業員について出退勤データが複数関連しているようなものです．サブフォームでは，あるテーブルの 1 つのレコードを 1 つのフォーム（＝メインフォーム）で入力・表示し（例えば従業員データ），そのレコードに関連する別テーブルの複数レコードをもう 1 つのフォーム（＝サブフォーム）で入力・表示します（例えば出退勤データ）（図 3.144）．

---

[45]　この段階まで設定したフォームでは，実際のデータの入力時に，改行が入力できたり，スクロールバーが表示されます（日付データ以外）．今回それらの機能は逆に邪魔です．このようなコントロールの細かい設定（他にもいろいろ）を行うには，＜プロパティーシート＞で指定します（コントロールを右クリックして，「プロパティ」を選択）．今回の場合は，＜スクロールバー＞を「なし」，＜Enter キー入力時動作＞を「既定」にします．

116   第3章　Accessによるデータベースの活用

図 3.144　サブフォーム

演習　従業員データと出退勤データのサブフォームを使ったフォームの作成

　サブフォームを使って従業員データと出退勤データを同時に入力・表示できるフォームを作成してみましょう．

［手順1］　<作成>タブをクリックし，<フォーム ウィザード>をクリックします．
［手順2］　<フォームウィザード>ダイアログボックスが表示されるので，<テーブル/クエリ>では「テーブル：従業員テーブル」を選択します（図3.145左）．

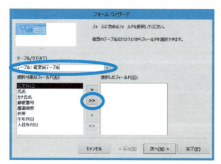 

図 3.145　従業員テーブルの選択と全フィールドの選択

［手順3］　「>>」ボタンをクリックし，すべてのフィールドを選択します（図3.145右）．
［手順4］　<テーブル/クエリ>において，「テーブル：出退勤テーブル」を選択します（図3.146左）．
［手順5］　<選択可能なフィールド>から「従業員ID」以外のフィールド（「出退勤番号」「勤務日」「出社時刻」「退社時刻」「休憩時間分」）を選択します（図3.146右）．同時に複数選択はできないので，1つのフィールドずつ「>」ボタンで選択することを繰り返します．
［手順6］　「次へ」ボタンをクリックします．
［手順7］　データの表示方法として「by 従業員テーブル」を選択，<サブフォームがあるフォーム>をクリックし，<次へ>ボタンをクリックします（図3.147）．
［手順8］　サブフォームのレイアウトでは<データシート>をクリックし，<次へ>ボタンをクリッ

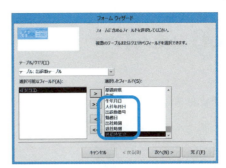

図 3.146　出退勤テーブルの選択とフィールドの選択

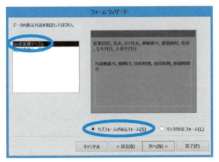
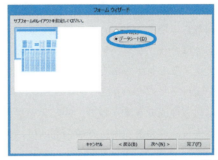

図 3.147　データの表示方法の指定　　図 3.148　サブフォームのレイアウトの指定

クします（図 3.148）．

［手順 9］　フォーム名として，＜フォーム＞には「従業員出退勤フォーム」，＜サブフォーム＞には「出退勤サブフォーム」を入力し，＜フォームを開いてデータを入力する＞を選択，＜完了＞をクリックします（図 3.149）．

図 3.149　メインフォームとサブフォームの名前の指定　　図 3.150　サブフォームを使った従業員出退勤フォーム

［手順 10］　サブフォームを含むフォームが作成されます（図 3.150）．ナビゲーションウィンドウの＜フォーム＞グループに作成したフォームがあることも確認しましょう[46]．

［手順 11］　フォームを閉じます．

---

[46] サブフォームも 1 つの単独したフォームとして作成されるので，合計 2 つのフォームが作成されます．

3.6 レポート

レポートとは？

　レポートは，テーブルのデータおよびクエリの結果を印刷するためのオブジェクトです[47]．レポートを使わなくても印刷はできますが，あくまでも簡易的なもので自由度はほとんどありません．レポートを使えば，タイトルやラベル，データなどの飾りや位置といったいろいろな指定ができます．本章の最初でも述べましたが，Excel ではシートの中にデータとそのデータに対するデザインなどの表示・印刷書式も一緒になっていますが，Access ではデータ（およびクエリ結果）とその表示・印刷書式は別々のものとして管理します．

　レポートはテーブルに格納されているデータだけではなく，クエリの結果も印刷できます．したがって，クエリとレポートを組み合わせてさまざまなことが可能です．例えば，実行時における当月の売り上げトップ 10 商品一覧レポート，のようなものを手軽に作成，印刷できます．また，レポートは複数作成できますので，同じテーブルやクエリに対して複数のレポートを作成することにより，関係者向けの書類用，一般公開向けの書類用といった使い分けも簡単にできます．

レポートの形式

　レポートは基本的に以下の 4 つの形式があります．このうちの 3 つは，フォームにおける同じ名前の形式とほとんど同じです．

図 3.151　単票形式のレポート

図 3.152　表形式のレポート

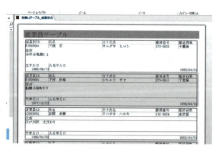

図 3.153　帳票形式のレポート

[47) 印刷だけではなく，画面上に見やすく表示する，という目的にも使いますが，主目的はやはり印刷です．

- **単票形式**

1つのレコードごとに，各フィールドを縦に並べて印刷する形式です（図3.151）．フィールドの数が多い場合に適しています．

- **表形式**

テーブルやクエリ結果の表示と同じように，縦横にデータを並べた表の形式です（図3.152）．

- **帳票形式**

1つのレコードごとに，各フィールドを縦と横に組み合わせてコンパクトに印刷する形式です（図3.153）．

- **その他の形式**

郵便物の宛名ラベルやはがきの宛名といった形式があります．また，売上伝票や納品書，具体的な運送会社用の送り状など定型的な伝票形式もあらかじめ用意されています．

レポートのビュー

1つのレポートごとに以下の4つのビュー（表示・作業モード）があります．

図3.154　レポートビュー

図3.155　デザインビュー

- **レポートビュー**

実際のデータについて，作成したレポートの形式で画面に表示するためのビューです（図3.154）．印刷イメージではないことに注意しましょう．レポートは印刷するために作成することがほとんどですが，レポートビューでは画面上に分かりやすくデータを表示する，という目的に使います．

- **印刷プレビュー**

実際の用紙にどのように印刷されるかを確認するビューです（図はレポートビューとほとんど同じなので割愛）．余白や印刷方向といったページ設定などを行い，印刷を実行します．

- **レイアウトビュー**

実際のデータを表示しながらレイアウトやデザインの簡易的な編集を行うビューです（図はレポートビューとほとんど同じなので割愛）．詳細な編集はデザインビューで行います．

- **デザインビュー**

レポートの詳細なデザインを編集するためのビューです（図3.155）．実際のデータは表示されませんが，細かな編集が行えます．

ビューを切り替えるには<デザイン>タブの<表示>ボタン，もしくはステータスバーのボタンで切り替えます（図3.156）[48]．

[48) ステータスバーのボタンは，左から順に<レポートビュー>，<印刷プレビュー>，<レイアウトビュー>，<デザインビュー>です．

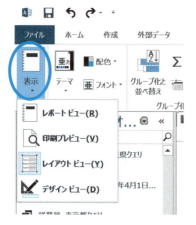

〈表示〉メニューによる切り替え　　ステータスバーのビューボタンによる切り替え

図 3.156　レポートのビューの切り替え

レポートの作成

レポートの作成方法には以下の方法があります．

- **表形式のレポートを作成（レポートボタンをクリックして作成）**
  もっとも基本的な表形式のレポートを作成します．ボタン1つで簡単に作成できます．
- **空白のレポート（レポートデザイン）から作成**
  設定が何もない状態の空白のレポートを作成します．ここからレポートとして表示したいテーブルやクエリの各フィールドを指定し，デザインなどを設定していきます．
- **レポートウィザードから作成**
  質問に答えていきながらレポートを作成します．単票形式，表形式，帳票形式を手軽に作成できます．
- **特別な形式のレポートを作成**
  宛名ラベル，定型的な伝票，はがき宛名など，その他の形式で作成します．

> **演習**　従業員データの表形式レポートの作成

ここではもっとも簡単な方法を使い，まずは従業員データについて表形式のレポートを作成してみます．

［手順1］　ナビゲーションウィンドウで「従業員テーブル」をクリックし選択します．＜作成＞タブをクリックし，＜レポート＞ボタンをクリックします（図 3.157）．

［手順2］　作成された表形式のレポートがレイアウトビューで表示されます（図 3.158）．

［手順3］　＜表示＞メニューまたはステータスバーのビューボタン（図 3.156 の「レポートのビューの切り替え」を参照）で印刷プレビューに切り替えます（図 3.159）．

［手順4］　＜印刷プレビュー＞タブのページレイアウトの＜横＞ボタンをクリックし，用紙の方向を切り替えます（図 3.160）[49]．

［手順5］　＜上書き保存＞ボタンをクリックします．＜レポート名＞には「従業員レポート」と入力，

---

[49]　この段階ではフィールドがページよりはみ出てますが，次の演習で調整します．

<OK>ボタンをクリックして保存します（図3.161）.

[手順6] レポートを閉じます.

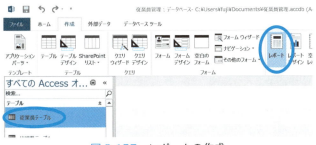

図3.157 レポートの作成

図3.158 作成されたレポート

図3.159 レポートの印刷プレビュー

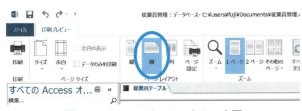

図3.160 ページレイアウトの変更

図3.161 レポートの保存

レポートの編集

レポートではさまざまな表示項目の編集が行えます．レイアウトビューもしくはデザインビューで編集を行いますが，どちらの場合もコントロールに対して編集を行うことが中心です．

基本的な編集方法はフォームの場合と同じですので，ここでは復習も含めて，レイアウトビュー上でのコントロールの編集，さらにデザインビュー上での**セクション**[50]の編集を行ってみます．

演習　従業員レポートの編集

従業員レポートの編集を通して，レポート編集の基本的な操作のいくつかを学んでみましょう．具体的にはタイトル文字列，コントロールのサイズ，セクションのサイズ，およびラベル文字列の編集を行います．

[手順1]　従業員レポートをレイアウトビューで開きます．

[手順2]　レポートタイトルを変更します．ラベルコントロール「従業員テーブル」をダブルクリックし，テキスト入力状態にします．「従業員一覧」に変更後，エンターキー（リターンキー）を押します（図3.162）．

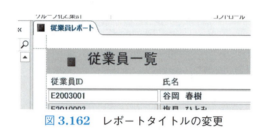

図 3.162　レポートタイトルの変更

[手順3]　表形式の列の幅を調整します．ラベルコントロール「従業員ID」をクリックし選択，コントロール右端の枠（サイズ調整のマウスカーソルに変わります）（図3.163左）を左にドラッグし，データより少し長いぐらいにサイズを縮めます（図3.163右）．このとき，この列の他の行についてもサイズが同時に変わることに注意しましょう．

図 3.163　「従業員ID」ラベルコントロールのサイズ変更開始と変更後

---

[50] レポート（フォームも）は，全体がセクションと呼ばれる複数の領域に分かれており，コントロールはこのセクションの中に含まれています．レポートヘッダーセクションとレポートフッターセクションはレポート全体における最初と最後に表示される部分で，ページヘッダーセクションとページフッターセクションはページごとに表示される部分です．詳細セクションは各データが実際に表示される部分です．この他にもレポートの形式などによりさまざまなセクションがあります．

[手順4] 続いて他の列の幅も同様に調整します（図3.164）．

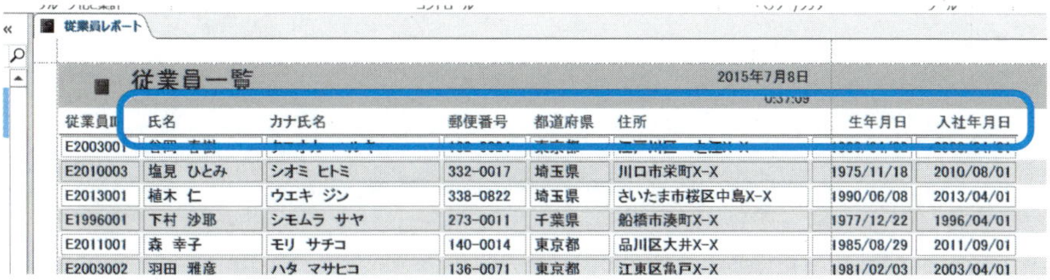

図 3.164 その他のコントロールサイズの変更

[手順5] この段階で印刷プレビューを確認してみましょう（図3.165）．このとき警告メッセージ（セクションの幅がページ幅より広い）のダイアログボックスが表示される場合がありますが<OK>をクリックします[51]．

図 3.165 フィールドのサイズ変更後の印刷プレビュー

[手順6] 表の実際の幅とレポートの幅が合っていない（余白があります）ので，これを調整します．具体的にはセクションの幅を調整します．ステータスバーの<デザインビュー>ボタンでデザインビューに切り替えます（図3.166）．

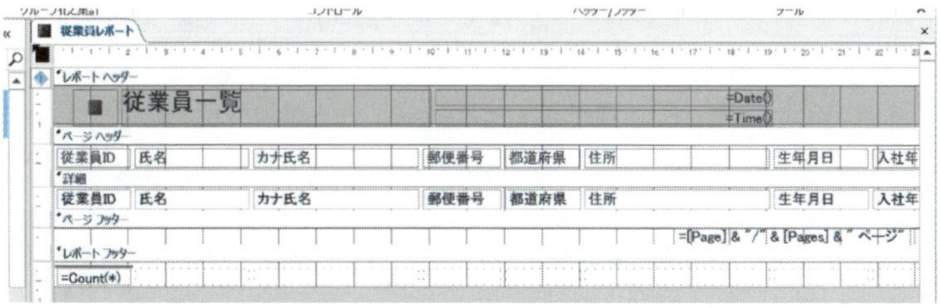

図 3.166 レポートのデザインビュー

---

[51] この後でセクションの幅は調整しますので，この段階ではとりあえずそのままにします．

[手順7] ＜レポートヘッダー＞セクション[52]の一番右端にマウスカーソルを移動させ（マウスカーソルが変わります）（図3.167），左側にドラッグし「入社年月日」コントロールのほぼ直後の幅になるように狭めます（図3.168）．

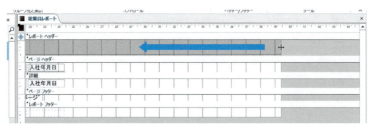

図 3.167　レポートヘッダーセクションのサイズ変更前

図 3.168　レポートヘッダーセクションのサイズ変更後

[手順8] 印刷プレビューに切り替え（図3.169），レポートの幅が調整されたことを確認します．

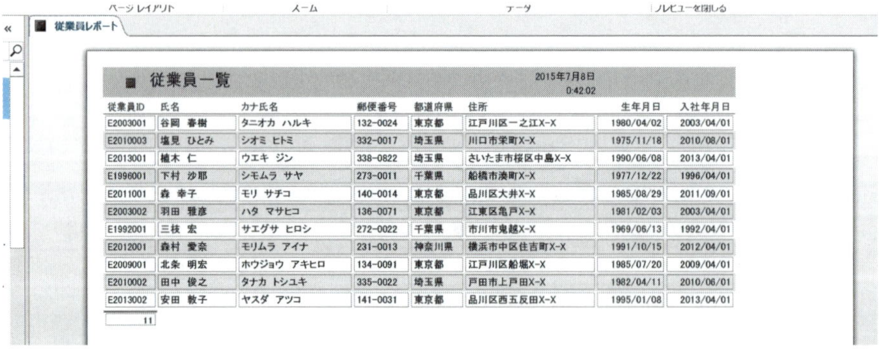

図 3.169　レポートヘッダーセクションのサイズ変更後の印刷プレビュー

[手順9] デフォルトの表形式では表の最下行にレコード数を表示するようになっています（「11」）（図3.170）．これだけだと何だか分かりませんので「11名」と表示されるようにしてみます．

[手順10] レイアウトビューに切り替えます．「氏名」フィールドの最下行のコントロールをダブルクリックして入力状態にし，「名」を入力します（図3.171）．

[手順11] 印刷プレビューに切り替えて表示を確認します（図3.172）．

[手順12] 上書き保存ボタンをクリックして保存します．

[手順13] レポートを閉じます．

---

[52] 表形式なので各列の幅は連動しますから，実際はどのセクションでもよいです．

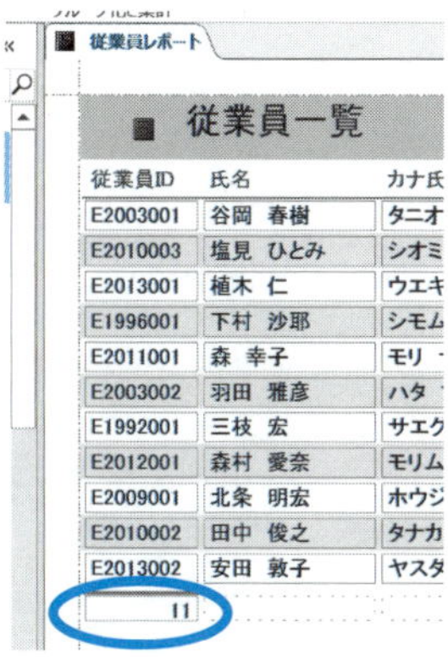

図 3.170 レコード数 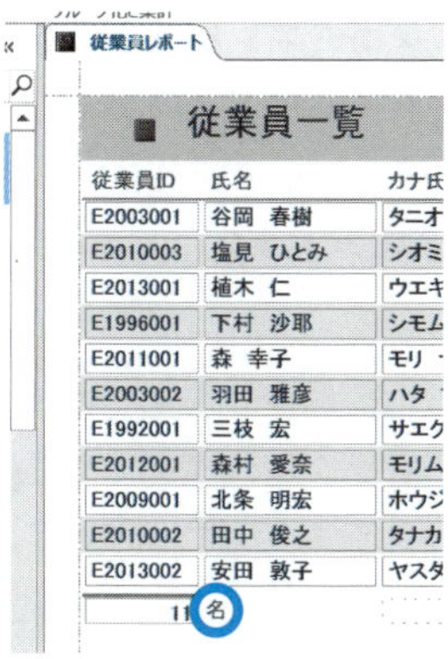　　図 3.171 「名」の入力

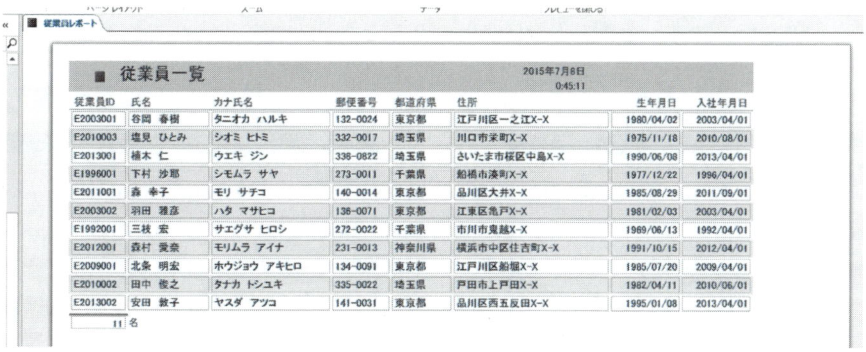

図 3.172 設定後の従業員レポートの印刷プレビュー

リレーションシップをもつ複数テーブルのレポートとグループ化

リレーションシップをもつテーブル（クエリ）についてもレポートを作成できます．例えば，ある従業員の属性情報を上部に，その従業員の今月の出退勤一覧を下部に表示した「従業員出退勤レポート」のようなものです（後で実際に作成します）．作成方法については，レポートウィザードから直接作成する方法とサブレポートを使う方法があります．

レポートウィザードから作成する方法は，1つのテーブルのレポート作成とほぼ同じで，フィールド選択時に関連する複数テーブルから選択するだけです．サブレポートを使う方法は，2つのレポート（一側と多側）を別々に作り，メインとなるレポート（＝メインレポート）内にもう1つのレポート（＝サブレポート）を入れ込みます[53]．

ここでは手軽に作成できる前者の方法で従業員出退勤レポートを作成してみます．また，指定したフィールドの値が同じ（または同じ範囲の）レコードをまとめてグループとし，その単位で表示および集計も行います．具体的には，勤務一覧は月ごとに表示し，その月ごとに勤務時間合計を計算します．

---

[53] サブレポートとなるレポートを作らずに，メインレポート内でテーブル（またはクエリ）を指定し，サブレポートを直接作成して入れ込むこともできます．

126　第3章　Accessによるデータベースの活用

演　習　従業員出退勤レポートの作成

　従業員ごとに，個人属性と月ごとの出退勤一覧および勤務時間合計（さらに全期間における勤務時間合計も）を表示するレポートを作成してみましょう．

[手順1]　<作成>タブをクリックし，<レポート ウィザード>をクリックします（図3.173）．

図3.173　レポートウィザードを開く

[手順2]　<レポートウィザード>ダイアログボックスが表示されるので，<テーブル/クエリ>では「テーブル：従業員テーブル」を選択し，「>>」ボタンをクリックしてすべてのフィールドを選択します（図3.174）．

図3.174　従業員テーブルのフィールド選択　　　図3.175　従業員出退勤クエリのフィールド選択

[手順3]　さらに<テーブル/クエリ>で「クエリ：従業員出退勤クエリ」を選択し[54]，「勤務日」，「出社時刻」，「退社時刻」，「休憩時間分」，「勤務時間数」フィールドを選択後（図3.175），<次へ>をクリックします．

[手順4]　データの表示方法では「by 従業員テーブル」を選択し（図3.176）[55]，<次へ>をクリックします．

[手順5]　グループレベル[56]の指定では「勤務日」を選択し，「>」ボタンをクリックして指定します（図3.177）．日付/時刻型なのでデフォルトでは月ごとにグループ分けされます[57]．<次へ>をクリックします．

[手順6]　同じグループ内でのレコード（＝詳細レコード）の並び順としては「勤務日」（昇順）を

---

[54] 出退勤テーブルからでも可能ですが，ここでは勤務時間数の計算をすでに行っている従業員出退勤クエリを使います．
[55] 従業員テーブルの1つのレコードごとに，関連している従業員出退勤クエリのレコードを表示する，ことになります．
[56] 指定したフィールドが同じ値や同じ範囲（例えば年や月）のレコードをグループとして分かりやすく表示します．そのグループで集計も行えます．
[57] <グループ間隔の設定>ボタンをクリックして変えることもできます．

指定し，<集計のオプション>ボタンをクリックします（図 3.178）．

図 3.176 リレーションシップをもつ
データの表示方法

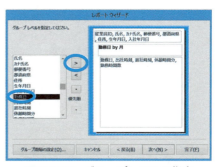

図 3.177 グループレベルの指定

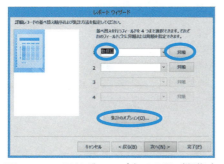

図 3.178 同じグループ内での並び順指定

図 3.179 集計のオプションの指定

[手順 7] 集計のオプションでは，<勤務時間数>の「合計」にチェックを入れ，<OK>ボタンをクリックします（図 3.179）．

[手順 8] 並べ替え順の指定に戻りますので，<次へ>をクリックします．

[手順 9] 印刷形式の設定では，<レイアウト>は「アウトライン」，<印刷の向き>は「縦」を選択し，<すべてのフィールドを 1 ページ内に収める>にチェックを入れ，<次へ>をクリックします（図 3.180）．

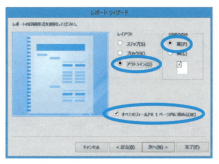

図 3.180 レポートのレイアウトの指定

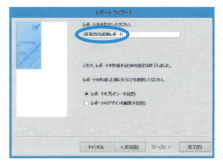

図 3.181 レポート名の入力

[手順 10] レポート名は「従業員出退勤レポート」と入力し，<完了>をクリックします（図 3.181）．

[手順 11] 作成されたレポートが印刷プレビューで表示されます（図 3.182）．ページを移動し（図

3.183)，各従業員の月ごとの勤務時間数合計（本書のデータでは7月と8月の2ヶ月）と，さらに全期間での合計が表示されていることを確認しましょう（図 3.184）．

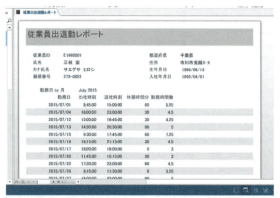

図 3.182　従業員出退勤レポートの印刷プレビュー

図 3.183　ページ移動ボタン

図 3.184　勤務時間数合計

［手順 12］　レイアウトビューに切り替えます（図 3.185）．

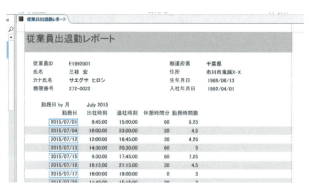

図 3.185　従業員出退勤レポートのレイアウトビュー

［手順 13］　いくつか今回は必要のないコントロール（集計の情報）がありますので削除します（図 3.186）．「集計 ' 勤務日 ' = 2015/8/27（16 詳細レコード）」とあるラベルをクリックして選択し，Delete キーで削除します．同様に「集計 ' 従業員 ID' = E1992001（29 詳細レコード）」とあるラベルも削除します（図 3.187）．

［手順 14］　ラベルのテキストを変更します．「勤務日 by 月」ラベルをダブルクリックして編集モードにし（図 3.188），「勤務年月」に変更します（図 3.189）

［手順 15］　年月の書式を変更します．「July 2015」ラベル（図 3.190）を選択し，右クリックのメニューから「プロパティ」を選択（図 3.191）して[58]，プロパティシートを表示させます（図 3.192）.

[58) コントロール選択後に<デザイン>タブの<プロパティシート>ボタンをクリックしてもできます．

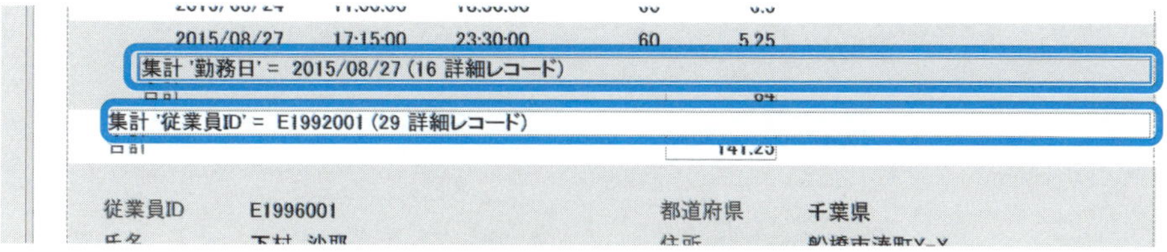

図 3.186　今回必要のない集計情報（削除前）

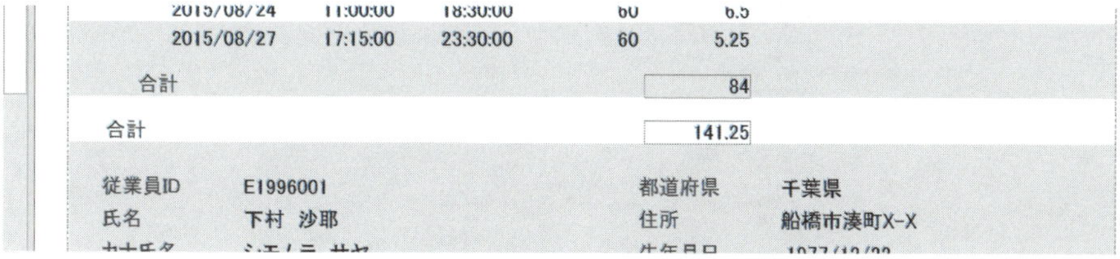

図 3.187　今回必要のない集計情報（削除後）

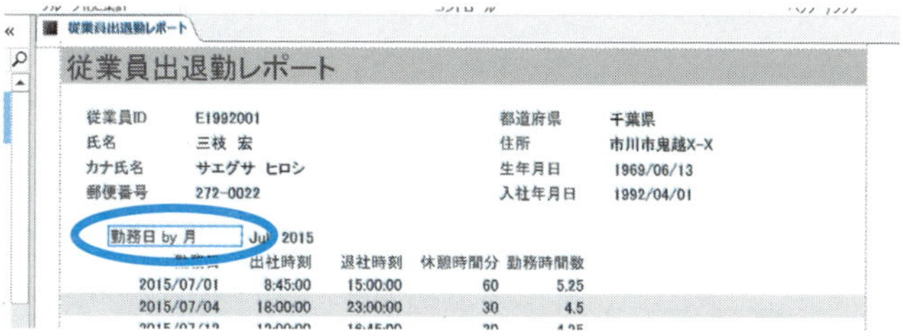

図 3.188　「勤務月 by 月」ラベルの編集

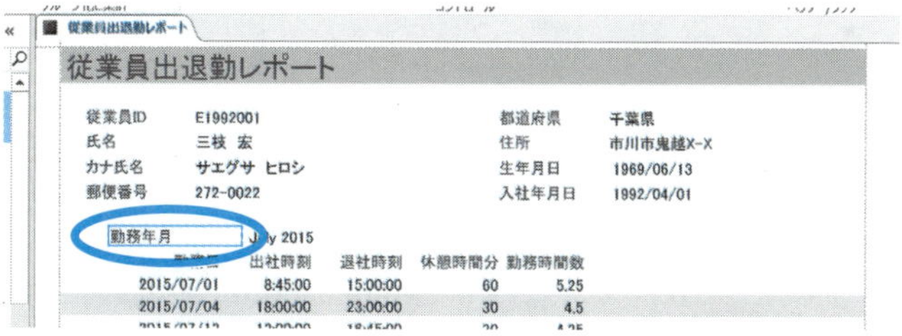

図 3.189　「勤務月 by 月」ラベルの編集後

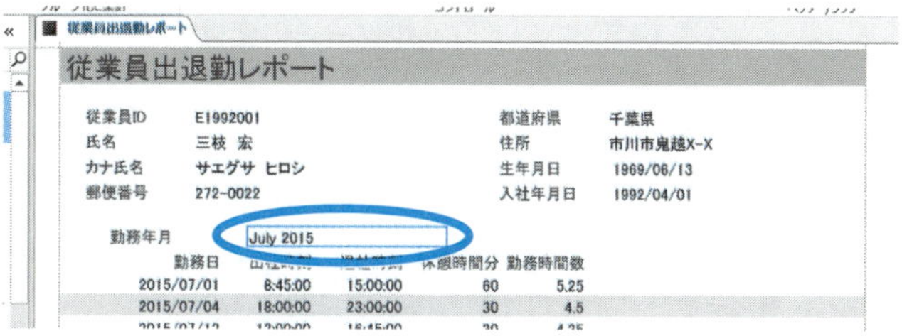

図 3.190　年月ラベル

[手順 16]　プロパティシートの<データ>タブをクリックし，<コントロールソース>の「= Format$([勤務日], "mmmm yyyy", 0, 0)」（図 3.193）を「= Format$([勤務日], "yyyy/mm", 0, 0)」に変更し，エンターキー（リターンキー）を押します（図 3.194）．

130　第 3 章　Access によるデータベースの活用

図 3.191　プロパティの選択

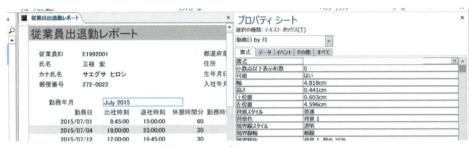

図 3.192　プロパティシート

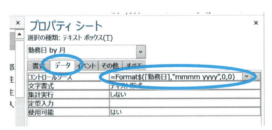

図 3.193　コントロールソースの変更前

図 3.194　コントロールソースの変更後

［手順 17］　年月の書式が変更されたことを確認します（図 3.195）．
［手順 18］　プロパティシートを閉じます．

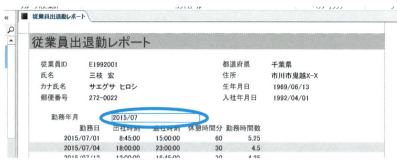

図 3.195　年月の書式変更後

［手順 19］　印刷プレビューに切り替え，全体を確認しましょう（図 3.196）.

従業員出退勤レポート

従業員ID	E1992001	都道府県	千葉県
氏名	三枝 宏	住所	市川市鬼越X-X
カナ氏名	サエグサ ヒロシ	生年月日	1969/06/13
郵便番号	272-0022	入社年月日	1992/04/01

勤務年月 2015/07

勤務日	出社時刻	退社時刻	休憩時間分	勤務時間数
2015/07/01	8:45:00	15:00:00	60	5.25
2015/07/04	18:00:00	23:00:00	30	4.5
2015/07/12	12:00:00	16:45:00	30	4.25
2015/07/13	14:30:00	20:30:00	60	5
2015/07/15	9:30:00	17:45:00	60	7.25
2015/07/16	16:15:00	21:15:00	30	4.5
2015/07/17	16:00:00	19:00:00	0	3
2015/07/20	11:45:00	15:15:00	30	3
2015/07/22	17:30:00	23:00:00	60	4.5
2015/07/26	8:15:00	11:30:00	0	3.25
2015/07/27	16:00:00	22:00:00	60	5
2015/07/28	16:00:00	22:15:00	60	5.25
2015/07/31	18:30:00	21:00:00	0	2.5
合計				57.25

勤務年月 2015/08

勤務日	出社時刻	退社時刻	休憩時間分	勤務時間数
2015/08/03	15:45:00	21:15:00	60	4.5
2015/08/04	16:00:00	22:30:00	60	5.5
2015/08/05	8:15:00	15:45:00	60	6.5
2015/08/06	10:30:00	13:00:00	0	2.5
2015/08/09	17:30:00	23:00:00	60	4.5
2015/08/10	14:15:00	17:15:00	0	3
2015/08/13	11:30:00	18:30:00	60	6
2015/08/14	13:15:00	20:30:00	60	6.25
2015/08/15	8:45:00	15:15:00	60	5.5
2015/08/16	14:00:00	20:15:00	60	5.25
2015/08/19	15:00:00	19:45:00	30	4.25
2015/08/20	9:30:00	17:30:00	60	7
2015/08/22	18:00:00	23:45:00	30	5.25
2015/08/23	16:30:00	23:45:00	60	6.25
2015/08/24	11:00:00	18:30:00	60	6.5
2015/08/27	17:15:00	23:30:00	60	5.25
合計				84

合計 141.25

2015年7月8日　　1/10 ページ

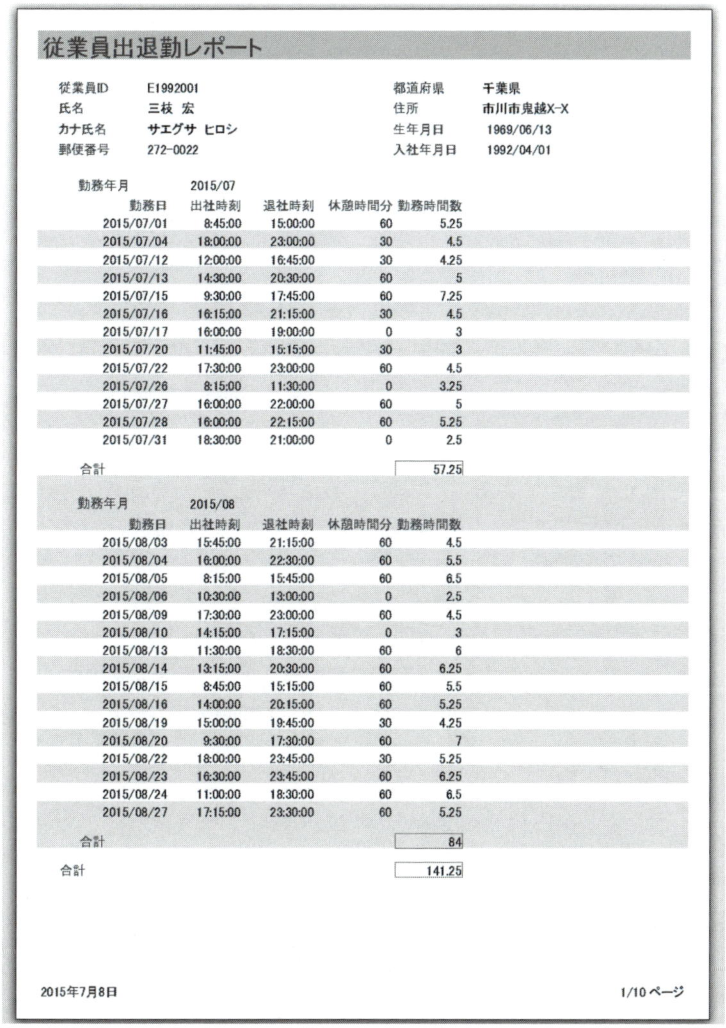

図 3.196　従業員出退勤レポート

章 末 問 題

1 書籍情報を管理するためのデータベースを「書籍管理」という名前で作成しましょう（以下の問題はすべてこの「書籍管理」データベース内の操作です）．

2 以下のフィールドをもつ書籍テーブルを作成しましょう（テーブル名は「書籍テーブル」）．

フィールド名	データ型	備考（フィールドプロパティなど）
書籍番号	短いテキスト	主キー・IME 入力モードは「使用不可」
書名	短いテキスト	
著者名	短いテキスト	
出版社番号	短いテキスト	IME 入力モードは「使用不可」
価格	数値型	
発行日	日付/時刻型	
ページ数	数値型	

3 書籍テーブルに Excel ファイルからデータをインポートし，データシートビューで確認しましょう（インポートするファイルは本書のデータファイル内「第 3 章」フォルダにある「章末問題用書籍データ.xlsx」ファイルです）．

4 書籍テーブルからすべてのレコードを検索するクエリを作成し実行してみましょう．ただし取得するフィールドは「書名」，「著者名」，「価格」，「発行日」，「ページ数」とし，価格の高い書籍順で並べ替えます（保存クエリ名は「書籍_すべてクエリ」）．

5 書籍テーブルから発行日フィールドが 2014 年 1 月 1 日から 2014 年 12 月 31 日の範囲内（= 2014 年中に発行された書籍）であるレコードを検索するクエリを作成し実行してみましょう．ただし取得するフィールドは「書名」，「著者名」，「発行日」とし，発行日の古い順で並べ替えます（保存クエリ名は「書籍_2014 年発行クエリ」）．

6 書籍テーブルから書名フィールドが「入門」で終わり，かつ価格フィールドが 1000 円未満であるレコードを検索するクエリを作成し実行してみましょう．ただし取得するフィールドは「書名」，「著者名」，「価格」，「発行日」，「ページ数」とし，価格の安い書籍順で並べ替えます（保存クエリ名は「書籍_入門_1000 円未満クエリ」）．

7 以下のフィールドをもつ出版社テーブルを作成してみましょう（テーブル名は「出版社テーブル」）．

フィールド名	データ型	備考（フィールドプロパティなど）
出版社番号	短いテキスト	主キー・IME 入力モードは「使用不可」
出版社名	短いテキスト	
郵便番号	短いテキスト	「住所入力支援」（「住所の構成」は「分割なし」，支援するフィールドは「住所」）
住所	短いテキスト	
電話番号	短いテキスト	IME 入力モードは「使用不可」

8 出版社テーブルに Excel ファイルからデータをインポートし，データシートビューで確認しましょう（インポートするファイルは本書のデータファイル内「第3章」フォルダにある「章末問題用出版社データ.xlsx」ファイルです）．

9 書籍テーブルと出版社テーブルの間にリレーションシップを設定してみましょう（外部キーは出版社番号フィールドで，参照整合性のチェックを入れます）．

10 リレーションシップを設定した2つのテーブルから，すべてのレコードを検索するクエリを作成し実行してみましょう．ただし取得するフィールドは「書名」，「著者名」，「出版社名」とし，出版社名で昇順に並べ替えます（保存クエリ名は「書籍出版社_すべてクエリ」）．

11 リレーションシップを設定した2つのテーブルから，出版社名フィールドが「プロジェクト出版社」で，かつ発行日フィールドが2000年1月1日以降のレコードを検索するクエリを作成し実行してみましょう．ただし取得するフィールドは「書籍番号」，「書名」，「著者名」，「出版社名」，「価格」，「発行日」，「ページ数」で，価格の高い書籍順で並べ替えます（保存クエリ名は「書籍出版社_プロジェクト出版社_2000年1月1日以降クエリ」）．

12 リレーションシップを設定した2つのテーブルから，演算フィールドを使って消費税込みの価格（税率は8％，小数点以下は切り捨て）を計算するクエリを作成し実行してみましょう（新規フィールド名は「税込価格」）．ただし取得するレコードはすべて，取得するフィールドは「書名」，「著者名」，「出版社名」，「価格」，「税込価格」，「発行日」とし，発行日の古い順に並べ替えます（保存クエリ名は「書籍出版社_税込みクエリ」）．なお，切り捨てを行うには以下の **Int** 関数を使います．

> Int (数値)
> 小数点以下を切り捨てた整数（数値以下の最大の整数）を返します（数値が負の場合に注意しましょう．例：−3.7の場合は−4）．
> 　　　　数値　…　対象とする数値．

13 リレーションシップを設定した2つのテーブルから，出版社ごとに出版している書籍の書籍数（＝書籍番号のカウント），価格の平均，ページ数の最大を集計するクエリを作成し実行してみましょう．ただし取得するレコードはすべて，取得するフィールド（および作成する集計フィールドの名前）は「出版社番号」，「出版社名」，「書籍数」，「平均価格」，「最大ページ数」とします（保存クエリ名は「書籍出版社_書籍数_平均価格_最大ページ数クエリ」）．

14 以下のような出版社データと，サブフォームとしてその出版社が発行している書籍データがあるフォームを作成してみましょう（保存フォーム名は「出版社・書籍フォーム」，「書籍サブフォーム」）．

15 以下のような出版社データにサブレポートとして書籍データがあるレポートを作成してみましょう．ただし集計として出版社ごとに，発行している書籍の価格とページ数の平均を表示し，発行日の新しい順に並べ替えます（保存レポート名は「出版社・書籍レポート」）．

付録　Excelのデータベース関数

A.1　データベース関数一覧

　Excelにはデータベース内のある指定された条件を満たすデータについて，統計量などを求めるための関数が用意されていて，これらの関数をデータベース関数と呼んでいます．以下に，用意されている12個の関数を紹介します．

① DSUM；データベース内の条件を満たすレコードの合計値を返す
② DAVERAGE；データベース内の条件を満たすレコードの平均値を求める
③ DCOUNT；データベース内の条件を満たすレコードの中で数値データの個数を返す
④ DCOUNTA；データベース内の条件を満たすレコードの中の空白でないセルの個数を返す
⑤ DMAX；データベース内の条件を満たすレコードの最大値を返す
⑥ DMIN；データベース内の条件を満たすレコードの最小値を返す
⑦ DVAR；データベース内の条件を満たすレコードの標本の分散を返す
⑧ DVARP；データベース内の条件を満たすレコードの母集団の分散を返す
⑨ DSTDEV；データベース内の条件を満たす標本の標準偏差を返す
⑩ DSTDEVP；データベース内の条件を満たす母集団の標準偏差を返す
⑪ DGET；データベース内の条件を満たす値を返す
⑫ DPRODUCT；データベース内の条件を満たすレコードの特定のフィールド値の積を返す

A.2　データベース関数の使い方

　表A.1のようなデータベースがあるとします．
　データベース関数は，データベースの中から条件に合うデータの行を絞り込み，各関数の指示にしたがって集計を行う機能で，次の書式形式で求められます．

　データベース関数（データベース，フィールド，条件）

　データベースにおけるフィールドとは，データベースの列タイトルを指します．条件は，データベースからデータを絞り込むための条件で，条件設定には，データベースと同様の列タイトルを作成し，その列タイトルの下に条件を記入します（図A.1）．

付録　Excel のデータベース関数

表 A.1　ある高校のテストの得点のデータベース

No.	クラス	性別	数学（点）	英語（点）
1	1	男	90	75
2	2	男	85	70
3	3	女	65	85
4	2	女	55	90
5	1	女	70	90
6	1	男	85	80
7	2	女	95	100
8	3	男	100	65
9	3	女	95	70
10	1	男	70	60

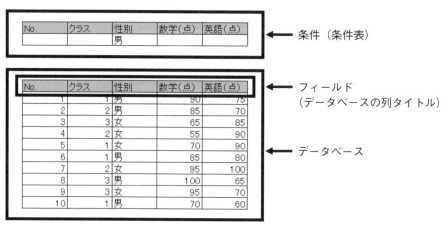

図 A.1　データベース，フィールド，条件の関係

表 A.1 のデータベースで，男子生徒のみを対象に集計を行いたい場合，表 A.2 のような条件表を作成します．

表 A.2　男子生徒を対象に集計する条件表

No.	クラス	性別	数学（点）	英語（点）
		男		

また，1 組と 3 組（1 組または 3 組）を対象に集計を行いたい場合には，表 A.3 のような条件表を作成します．

表A.3　1組と3組（1組または3組）を対象に集計する条件表

No.	クラス	性別	数学（点）	英語（点）
	1			
	3			

● 例題1

次のようなデータベース（データ表）があるものとします．

No.	クラス	性別	数学（点）	英語（点）
1	1	男	90	75
2	2	男	85	70
3	3	女	65	85
4	2	女	55	90
5	1	女	70	90
6	1	男	85	80
7	2	女	95	100
8	3	男	100	65
9	3	女	95	70
10	1	男	70	60

小問1

男女別に，数学と英語の得点について，データ数，合計，最大値，最小値，平均値，分散，標準偏差を計算してください．

各データベース関数の書式は，つぎのとおりです．

・データ数 = DCOUNT（データベース，フィールド，条件）
・合計　　 = DSUM（データベース，フィールド，条件）
・最大値　 = DMAX（データベース，フィールド，条件）
・最小値　 = DMIN（データベース，フィールド，条件）
・平均値　 = DAVERAGE（データベース，フィールド，条件）
・分散　　 = DVAR（データベース，フィールド，条件）
・標準偏差 = DSTDEV（データベース，フィールド，条件）

最初に，男子生徒の数学と英語の得点について，データ数，合計，最大値，最小値，平均値，分散，標準偏差を計算します（図A.2）．

◇条件表

　　性別　　　［セルC3］男

	A	B	C	D	E	F	G	H	I	J
1	条件表						計算結果			
2	No.	クラス	性別	数学(点)	英語(点)			数学	英語	
3			男				データ数	5	5	
4							合計	430	390	
5							最大値	100	100	
6	データベース						最小値	70	65	
7	No.	クラス	性別	数学(点)	英語(点)		平均値	86	78	
8	1	1	男	90	75		分散	117.5	182.5	
9	2	2	男	85	70		標準偏差	10.83974	13.50926	
10	3	3	女	65	85					
11	4	2	女	55	90					
12	5	1	女	70	90					
13	6	1	男	85	80					
14	7	2	女	95	100					
15	8	3	男	100	65					
16	9	3	女	95	70					
17	10	1	男	70	100					
18										

図 A.2 男子生徒のデータ数,合計,最大値,最小値,平均値,分散,標準偏差

◇男子生徒の数学に関する結果

 データ数 [セル H3] = DCOUNT($A$7:$E$17, D7, $A$2:$E$3)

 合計 [セル H4] = DSUM($A$7:$E$17, D7, $A$2:$E$3)

 最大値 [セル H5] = DMAX($A$7:$E$17, D7, $A$2:$E$3)

 最小値 [セル H6] = DMIN($A$7:$E$17, D7, $A$2:$E$3)

 平均値 [セル H7] = DAVERAGE($A$7:$E$17, D7, $A$2:$E$3)

 分散 [セル H8] = DVAR($A$7:$E$17, D7, $A$2:$E$3)

 標準偏差 [セル H9] = DSTDEV($A$7:$E$17, D7, $A$2:$E$3)

◇男子生徒の英語に関する結果

 <u>セル H3 から H9 をセル I3 から I9 へ複写</u>

次に,女子生徒の数学と英語の得点について,データ数,合計,最大値,最小値,平均値,分散,標準偏差を計算します(図 A.3).

	A	B	C	D	E	F	G	H	I	J
1	条件表						計算結果			
2	No.	クラス	性別	数学(点)	英語(点)			数学	英語	
3			女				データ数	5	5	
4							合計	380	435	
5							最大値	95	100	
6	データベース						最小値	55	70	
7	No.	クラス	性別	数学(点)	英語(点)		平均値	76	87	
8	1	1	男	90	75		分散	330	120	
9	2	2	男	85	70		標準偏差	18.1659	10.95445	
10	3	3	女	65	85					
11	4	2	女	55	90					
12	5	1	女	70	90					
13	6	1	男	85	80					
14	7	2	女	95	100					
15	8	3	男	100	65					
16	9	3	女	95	70					
17	10	1	男	70	100					
18										

図 A.3 女子生徒のデータ数,合計,最大値,最小値,平均値,分散,標準偏差

◇条件表

 性別 [セル C3] 女

条件表の性別(セル C3)を「男」→「女」へ変更すると,セル H3 から I9 に女子生徒の数学と英

語の得点のデータ数，合計，最大値，最小値，平均値，分散，標準偏差が計算されます．

【注 1】 DCOUNT と DCOUNTA の違い

DCOUNT と DCOUNTA は，どちらもデータの個数を数える関数ですが，次のような違いがあります．

・DCOUNT ：数値データを数える
・DCOUNTA：数値データと文字データを数える

【注 2】 DVAR と DVARP の違い

DVAR と DVARP は，どちらも分散を求める関数ですが，不偏分散と標本分散という違いがあります．

・DVAR ：不偏分散
・DVARP：標本分散

標本分散は，不偏分散へ補正する前のものなので，対象のデータが標本の場合は DVAR，母集団の場合は DVARP を適用します．

【注 3】 DSTDEV と DSTDEVP の違い

DSTDEV と DSTDEVP は，どちらも標準偏差を求める関数です．標準偏差は，分散の平方根（√）で求められますが，不偏分散の平方根をとるか，標本分散の平方根をとるかの違いがあります．

・DSTDEV ：不偏分散の平方根
・DSTDEVP：標本分散の平方根

小問 2

1 組と 3 組の数学と英語の得点のデータ数，合計，最大値，最小値，平均値，分散，標準偏差を計算してください（図 A.4）．

	A	B	C	D	E	F	G	H	I	J
1	条件表						計算結果			
2	No.	クラス	性別	数学(点)	英語(点)			数学	英語	
3		1					データ数	7	7	
4		3					合計	575	565	
5							最大値	100	100	
6	データベース						最小値	65	65	
7	No.	クラス	性別	数学(点)	英語(点)		平均値	82.14286	80.71429	
8	1	1	男	90	75		分散	190.4762	145.2381	
9	2	2	男	85	70		標準偏差	13.80131	12.05148	
10	3	3	女	65	85					
11	4	2	女	55	90					
12	5	1	女	70	90					
13	6	1	男	85	80					
14	7	2	女	95	100					
15	8	3	男	100	65					
16	9	3	女	95	70					
17	10	1	男	70	100					
18										

図 A.4 1 組と 3 組のデータ数，合計，最大値，最小値，平均値，分散，標準偏差

◇条件表

クラス　　［セル B3］1
　　　　　［セル B4］3

条件表のクラス（セル B3，セル B4）に「1」，「3」と 2 行入力すると，セル H3 から I9 に 1 組と 3

組の数学と英語の得点のデータ数，合計，最大値，最小値，平均値，分散，標準偏差が計算されます．

小問3

1組と3組の男の数学と英語の得点について，データ数，合計，最大値，最小値，平均値，分散，標準偏差を計算してください（図A.5）．

	A	B	C	D	E	F	G	H	I	J
1	条件表						計算結果			
2	No.	クラス	性別	数学(点)	英語(点)			数学	英語	
3		1	男				データ数	4	4	
4		3	男				合計	345	320	
5							最大値	100	100	
6	データベース						最小値	70	65	
7	No.	クラス	性別	数学(点)	英語(点)		平均値	86.25	80	
8	1	1	男	90	75		分散	156.25	216.6667	
9	2	2	男	85	70		標準偏差	12.5	14.7196	
10	3	3	女	65	85					
11	4	2	女	55	90					
12	5	1	女	70	90					
13	6	1	男	85	80					
14	7	2	女	95	100					
15	8	3	男	100	65					
16	9	3	女	95	70					
17	10	1	男	70	100					
18										

図A.5　1組と3組の男のデータ数，合計，最大値，最小値，平均値，分散，標準偏差

◇条件表

　　クラス　　［セルB3］1
　　　　　　　［セルB4］3
　　性別　　　［セルC3］男
　　　　　　　［セルC4］男

条件表のクラスと性別に，上記のように条件を入力すると，セルH3からI9に1組と3組の男子の数学と英語の得点のデータ数，合計，最大値，最小値，平均値，分散，標準偏差が計算されます．

小問4

数学の最高得点と最低得点の生徒を抽出してください（図A.6）．

抽出に用いる関数はDGETです．

```
DGET（データベース，フィールド，条件）
```

最初に，数学の最高得点の生徒を抽出します．抽出する生徒の情報は，No., クラス，性別です．

◇条件表

　　数学（点）　［セルD3］= MAX（D8：D17）

◇数学の最高得点の生徒

　　No.　　　　［セルG4］= DGET（$A$7：$E$17, A7, $A$2：$E$3）
　　クラス　　　［セルH4］セルG4をH4へ複写
　　性別　　　　［セルI4］セルH4をI4へ複写

	A	B	C	D	E	F	G	H	I	J
1	条件表						検索結果			
2	No.	クラス	性別	数学(点)	英語(点)		数学の最低得点			
3				100			No.	クラス	性別	
4							8	3	男	
5										
6	データベース									
7	No.	クラス	性別	数学(点)	英語(点)					
8	1	1	男	90	75					
9	2	2	男	85	70					
10	3	3	女	65	85					
11	4	2	女	55	90					
12	5	1	女	70	90					
13	6	1	男	85	80					
14	7	2	女	95	100					
15	8	3	男	100	65					
16	9	3	女	95	70					
17	10	1	男	70	100					
18										

図 A.6 (数学) 最高得点の生徒の抽出

今度は,数学の最低得点の生徒を抽出します(図 A.7).

	A	B	C	D	E	F	G	H	I	J
1	条件表						検索結果			
2	No.	クラス	性別	数学(点)	英語(点)		数学の最低得点			
3				55			No.	クラス	性別	
4							4	2	女	
5										
6	データベース									
7	No.	クラス	性別	数学(点)	英語(点)					
8	1	1	男	90	75					
9	2	2	男	85	70					
10	3	3	女	65	85					
11	4	2	女	55	90					
12	5	1	女	70	90					
13	6	1	男	85	80					
14	7	2	女	95	100					
15	8	3	男	100	65					
16	9	3	女	95	70					
17	10	1	男	70	100					
18										

図 A.7 (数学) 最低得点の生徒の抽出

◇条件表

数学(点) [セル D3] = MIN(D8:D17)

条件表の数値が変更されると,No.,クラス,性別も変更されます.

【注 4】

関数 DGET は,該当する対象が 2 つ以上あるとき,結果はエラーとなり,「#NUM!」と表示されます(図 A.8).たとえば,次のようなデータの場合,英語の最高得点は 100 点で 2 名いますが,このようなときに英語の最高得点者を抽出すると,エラーとなります.

	A	B	C	D	E	F	G	H	I	J
1	条件表						検索結果			
2	No.	クラス	性別	数学(点)	英語(点)		数学の最低得点			
3					100		No.	クラス	性別	
4							#NUM!	#NUM!	#NUM!	
5										
6	データベース									
7	No.	クラス	性別	数学(点)	英語(点)					
8	1	1	男	90	75					
9	2	2	男	85	70					
10	3	3	女	65	85					
11	4	2	女	55	90					
12	5	1	女	70	90					
13	6	1	男	85	80					
14	7	2	女	95	100					
15	8	3	男	100	65					
16	9	3	女	95	70					
17	10	1	男	70	100					
18										

図 A.8　(英語) 最高得点の生徒の抽出

● 例題 2

　表 A.4 のデータベース (データ表) は,ある会社の商品別の 3 年間の売上げについて,対前年度成長比を記録したものです.商品 A の平均成長率を求めてください (図 A.9).

表 A.4　ある会社の商品別の売上げ成長比

年	商品	前年度成長比
2012	A	0.95
2012	B	1.25
2012	C	0.85
2013	A	1.15
2013	B	1.01
2013	C	0.77
2014	A	0.88
2014	B	1.14
2014	C	0.72

	A	B	C	D	E	F	G
1	条件表				計算結果		
2	年	商品	前年度成長比				
3		A			平均成長率	0.986964	
4							
5							
6	データベース						
7	年	商品	前年度成長比				
8	2012	A	0.95				
9	2012	B	1.25				
10	2012	C	0.85				
11	2013	A	1.15				
12	2013	B	1.01				
13	2013	C	0.77				
14	2014	A	0.88				
15	2014	B	1.14				
16	2014	C	0.72				
17							

図 A.9　商品 A の平均成長率

成長率の平均値を求めるには幾何平均を使います．n 個のデータ $x_1, x_2, \cdots, x_n$ があるとき，この幾何平均は次の式で求めます．

$$幾何平均 = (x_1 \times x_2 \cdots x_n)^{\frac{1}{n}}$$

式を見ると分かるように，全データの積が必要になります．そのときには関数 DPRODUCT を使います．

```
DPRODUCT（データベース，フィールド，条件）
```

◇条件表
　　商品　　　［セル B3］A
◇商品 A の平均成長率
　　幾何平均　［セル F3］＝ DPRODUCT（A7：C16，C7，A2：C3）
　　　　　　　　　　　　＾（1/DCOUNT（A7：C16，C7，A2：C3））

● 例題 3

関数 DPRODUCT は，データベースの中から条件に合うデータの積を求める関数ですので，その性質を利用して，該当者の有無を確認することもできます．

表 A.5 は，ある日の授業の出欠記録のデータベースです．

表 A.5　ある日の授業の出欠記録のデータベース

No.	クラス	性別	出欠確認
1	1	男	1
2	2	男	1
3	3	女	1
4	2	女	1
5	1	女	1
6	1	男	1
7	2	女	0
8	3	男	0
9	3	女	1
10	1	男	1
1	1	男	1

出欠：1→出席，0→欠席

ここで，3 組に欠席者がいるかどうかを確認します（図 A.10）．
◇条件表
　　クラス　　［セル B3］3

	A	B	C	D	E	F	G
1	条件表					検索結果	
2	No.	クラス	性別	出欠確認		欠席者の有無	
3		3				0	
4						1：欠席者なし	
5						0：欠席者あり	
6	データベース						
7	No.	クラス	性別	出欠確認			
8	1	1	男	1			
9	2	2	男	1			
10	3	3	女	1			
11	4	2	女	1			
12	5	1	女	1			
13	6	1	男	1			
14	7	2	女	0			
15	8	3	男	0			
16	9	3	女	1			
17	10	1	男	1			
18				1：出席，0：欠席			
19							

図 **A.10** 3組の授業欠席者の有無

◇欠席者の有無

欠席者の有無　［セル F3］＝ DPRODUCT（A7：D17, D7, A2：D3）

欠席者が1人でもいると，積の中に0が存在しますから，積は0となり，欠席者がいることがわかります．

章末問題の解答

■第 1 章 （省略）

■第 2 章

1 問題文中の手順にしたがってください．うまくダウンロードできない場合は，「第 2 章」のフォルダの中の「data.csv」を使用してください．

2 「2.2.4 都道府県別面積データの入手と事前加工」の［手順 6］以降（p. 23）を参考にしましょう．データの加工の際の注意点は，問題文中に書いてあります．なお，列の削除は，図 B.1 のように，削除したい列を選択してから，ホームメニューの《削除》，《シートの列を削除》としてください（あるいは，列名（A，B，C...）のところで右クリックして，《削除》を選択してもかまいません）．

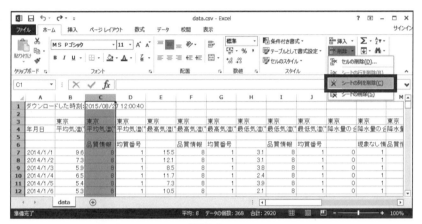

図 B.1

うまく加工できなかった場合は，「第 2 章」のフォルダの中の「東京 2014.xlsx」を使用してください．

3 「2.3.1 リボンの「ホーム」タブの編集メニューを用いる方法」（p. 27）を参考にしましょう．

4 「2.3.2 フィルターを用いる方法」（p. 28）を参考にしましょう．実行結果の例は，図 B.2 のようになります．

図 B.2

5 「2.3.2 フィルターを用いる方法」(p. 28) を参考にしましょう．実行結果の例は，図 B.3 のようになります．

図 **B.3**

6 「2.6.2 ピボットテーブルによるデータの単純集計」(p. 36) を参考にしましょう．実行結果の例は，図 B.4 のようになります．フィールドの「最大風速 (16 方位)」を，ボックスの「行」と「値」の両方にドラッグします．

図 **B.4**

7 「2.6.5 ピボットテーブルによるクロス集計」(p. 43) を参考にしましょう．実行結果の例は，図 B.5 のようになります．フィールドの「最大風速 (16 方位)」をボックスの「行」に，フィールドの「最多風向 (16 方位)」を「値」の両方にドラッグします．

8 まず，次の手順に従って，K 列と L 列を追加します．

［手順 **1**］　K2 セルに「=FLOOR (C2, 5)」と入力します．
［手順 **2**］　L2 セルに「=FLOOR (H2, 5)」と入力します．
［手順 **3**］　K2:L2 の範囲を選択し，右下の選択範囲の右下ハンドルをデータが入っている一番下の行までドラッグします．

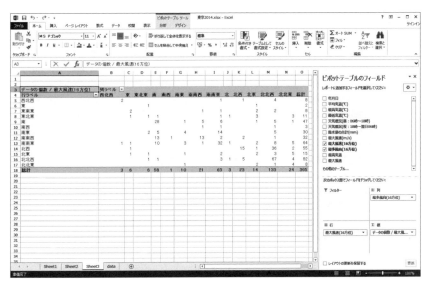

図 B.5

その後の手順は,「2.7.2 ピボットテーブルによる多元集計と層別分析」(p.47) を参考にしましょう．実行結果の例は，図 B.6 のようになります．

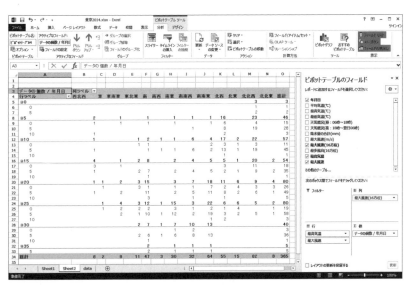

図 B.6

9 「2.7.2 ピボットテーブルによる多元集計と層別分析」(p.47) を参考にしましょう．実行結果の例は，図 B.7 のようになります．最大風速が 5m/s 以上の日だけを抽出してみました．暑い日は南より，寒い日は北よりの風が吹いているように思います．皆さんには，どう見えるでしょうか？

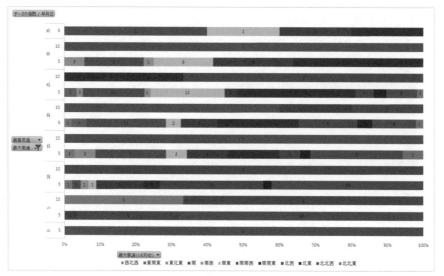

図 B.7

■第3章

1 「3.1.5 データベースファイル」の「≪演習≫従業員管理データベースの作成」(p. 61) を参考にしましょう．

2 「3.2 テーブル」の「≪演習≫従業員テーブルの作成」(p. 66)，および「≪演習≫従業員テーブルのフィールドプロパティの設定（IME 入力モードの指定）」(p. 72) を参考にしましょう（図 B. 8）．

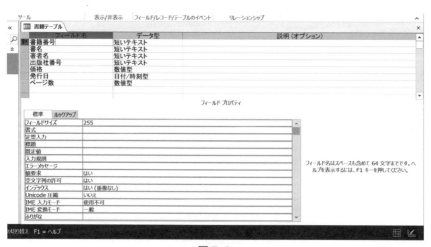

図 B.8

3 「3.2 テーブル」の「≪演習≫従業員データのインポート」(p. 77) を参考にしましょう．書籍データのレコード件数は 450 件です（図 B.9）．

図 B.9

4 「3.3 クエリ」の「≪演習≫従業員テーブルから指定したフィールドのみを表示するクエリ（生年月日で並べ替え）」（p. 83）を参考にしましょう（図 B.10）．検索結果のレコード件数は 450 件です（図 B.11）．

図 B.10　　　　　　　　　　　　　　　　図 B.11

5 「3.3 クエリ」の「≪演習≫従業員テーブルへの複数の条件を検索条件とするクエリ（範囲指定の検索）」（p. 91）を参考にしましょう（図 B.12）．検索結果のレコード件数は 62 件です（図 B.13）．

図 B.12　　　　　　　　　　　　　　　　図 B.13

6 「3.3 クエリ」の「≪演習≫従業員テーブルへのあいまいな条件を指定したクエリ」（p. 87），および「≪演習≫従業員テーブルへの複数の条件を検索条件とするクエリ（And 検索）」（p. 90）を参考にしましょう（図 B.14）．検索結果のレコード件数は 11 件です（図 B.15）．

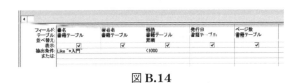

図 B.14

7 「3.2 テーブル」の「≪演習≫従業員テーブルの作成」（p. 66），および「≪演習≫従業員テーブルのフィールドプロパティの設定（住所入力支援の指定）」（p. 74）を参考にしましょう（図

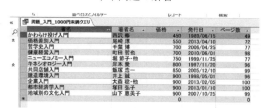

図 B.15

図 B.16

B.16)．

8　「3.2 テーブル」の「≪演習≫従業員データのインポート」（p. 77）を参考にしましょう．出版社データのレコード件数は 20 件です（図 B.17）．

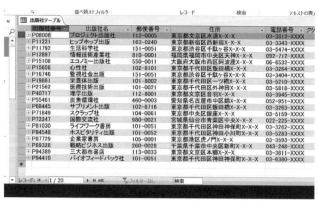

図 B.17

9　「3.4 テーブルとクエリの応用」の「≪演習≫従業員テーブルと出退勤テーブル間のリレーションシップの設定」（p. 98）を参考にしましょう（図 B.18）．

10　「3.4 テーブルとクエリの応用」の「≪演習≫従業員テーブルと出退勤テーブルから特定のフィールドを表示するクエリ」（p. 100）を参考にしましょう（図 B.19）．検索結果のレコード件数は 450 件です（図 B.20）．

図 B.18

図 B.19   図 B.20

11 「3.4 テーブルとクエリの応用」の「≪演習≫従業員テーブルと出退勤テーブルから特定のフィールドを表示するクエリ」(p.100),および「3.3 クエリ」の「≪演習≫従業員テーブルへの複数の条件を検索条件とするクエリ(And検索)」(p.90) を参考にしましょう(図 B.21).検索結果のレコード件数は 18 件です(図 B.22).

図 B.21

12 「3.4 テーブルとクエリの応用」の「≪演習≫勤務拘束時間(分)を計算するクエリ」(p.102) を参考にしましょう(図 B.23).検索結果のレコード件数は 450 件です(図 B.24).

13 「3.4 テーブルとクエリの応用」の「≪演習≫従業員ごとの総勤務時間数を集計するクエリ」(p.104) を参考にしましょう(図 B.25).検索結果のレコード件数は 20 件です(図 B.26).

14 「3.5 フォーム」の「≪演習≫従業員データと出退勤データのサブフォームを使ったフォームの作成」(p.116) を参考にしましょう.

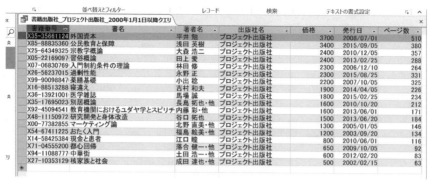

書籍出版社_プロジェクト出版社_2000年1月1日以降クエリ

書籍番号	書名	著者名	出版社名	価格	発行日	ページ数
X35-35661124	外国資本	平井 勉	プロジェクト出版社	3700	2008/07/01	510
X85-88835360	公民教育と保障	浅田 英樹	プロジェクト出版社	3400	2015/09/05	380
X25-64349325	宗教学概論	大森 浩二	プロジェクト出版社	2400	2010/12/05	357
X05-22169097	習俗概論	田上 愛	プロジェクト出版社	2400	2013/02/25	288
X07-06830769	入門制約条件の理論	林田 修	プロジェクト出版社	2300	2006/12/10	264
X26-56237015	過剰性能	永野 正	プロジェクト出版社	2300	2015/08/25	331
X99-90098847	薬膳基礎	小出 稔	プロジェクト出版社	2200	2007/10/05	325
X16-88513288	寝違え	吉村 和夫	プロジェクト出版社	1900	2014/04/05	226
X36-13921001	医学雑誌	馬場 誠	プロジェクト出版社	1800	2015/02/25	234
X35-17695023	別居概論	長島 拓也・他	プロジェクト出版社	1600	2010/10/20	212
X92-45094541	教育機関におけるユダヤ学とスピリチ	内藤 彩・他	プロジェクト出版社	1600	2013/06/01	171
X48-11150972	研究開発と身体改造	谷口 拓也	プロジェクト出版社	1500	2013/06/20	184
X00-77382855	マーケティング論	北野 直美・他	プロジェクト出版社	1300	2005/01/05	146
X54-67411225	おたく入門	福島 絵美・他	プロジェクト出版社	1200	2003/09/20	134
X14-58425384	現金と患者	江口 瞳	プロジェクト出版社	800	2010/06/01	116
X71-04555200	都心回帰	落合 健一・他	プロジェクト出版社	650	2009/10/05	92
X94-11088777	中華街	土田 浩一・他	プロジェクト出版社	600	2012/02/20	83
X27-10353129	核家族と社会	成田 達也・他	プロジェクト出版社	500	2002/02/15	63

図 **B.22**

フィールド:	書名	著者名	出版社名	価格	税込価格: Int([価格]*1.08)	発行日
テーブル:	書籍テーブル	書籍テーブル	出版社テーブル	書籍テーブル		書籍テーブル
並べ替え:						昇順
表示:	✓	✓	✓	✓	✓	✓
抽出条件:						
または:						

図 **B.23**

書籍出版社_税込みクエリ

書名	著者名	出版社名	価格	税込価格	発行日
資源	内田 正	ホスピタリティ出版	1400	1512	1977/11/05
記録情報学	秋山 浩之	企業家書房	1900	2052	1985/03/05
表現技術	山村 達也	三大都市書店	2700	2916	1985/03/20
インタフェース基礎	古川 直樹	栄養体出版	1000	1080	1985/09/10
身体改造	田原 真由美・他	三大都市書店	3700	3996	1987/01/10
社会復帰学	山岸 弘	炭素循環社	500	540	1987/10/15
児童文化入門	松浦 聡・他	エコノミー出版社	1500	1620	1987/11/20
社会人とリバースプロジェクト	千田 沙織・他	心性社	1200	1296	1987/12/20
経済のポータル	星 稔	三大都市書店	900	972	1988/12/25

図 **B.24**

フィールド:	出版社番号	出版社名	書籍数: [書籍番号]	平均価格: [価格]	最大ページ数: [ページ数]
テーブル:	出版社テーブル	出版社テーブル	書籍テーブル	書籍テーブル	書籍テーブル
集計:	グループ化	グループ化	カウント	平均	最大
並べ替え:					
表示:	✓	✓	✓	✓	✓
抽出条件:					
または:					

図 **B.25**

書籍出版社_書籍数_平均価格_最大ページ数クエリ

出版社番号	出版社名	書籍数	平均価格	最大ページ数
P08008	プロジェクト出版社	19	1731.57894736842	510
P11221	ヒップホップ出版	20	1442.5	446
P11792	生活科学社	21	1964.28571428571	554
P12897	情報技術産業社	24	1572.91666666667	536
P15108	エコノミー出版社	19	1344.73684210526	375
P15656	心性社	29	1486.20689655172	384
P16746	監視社会出版	16	1415.625	310
P19881	栄養体出版	28	1783.92857142857	521
P21562	医療技術出版	19	1789.47368421053	451
P40717	理学出版	28	1514.28571428571	478
P55461	炭素循環社	23	1458.69565217391	511
P68445	サプリメント出版	21	1321.42857142857	338
P71849	スクラップ社	25	1718	520
P72247	国際交流社	21	1730.95238095238	444
P81030	ライフワーク書房	19	1600	408
P84548	ホスピタリティ出版	21	1692.85714285714	529
P87729	企業家書房	24	1502.08333333333	496
P89328	戦略ビジネス出版	21	1602.38095238095	566
P94389	三大都市書店	25	1618	507
P94410	バイオフィードバック社	27	1722.22222222222	441

図 **B.26**

15 「3.6 レポート」の「≪演習≫従業員出退勤レポートの作成」(p. 126) を参考にしましょう．

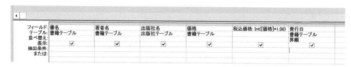

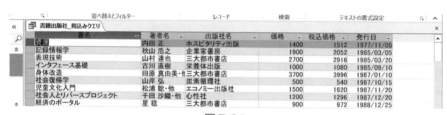

索　引

ア行
あいまいな条件　85
アクションクエリ　79
一側テーブル　96
印刷プレビュー　119
インポート　76
エクスポート　76
演算フィールド　102
オートナンバー型　64,97
オフィススイート　17

カ行
階層型データベース　8
外部キー　11,14,96
可視化　52
カード形式　108
カラム　10
関数　102
関連をもつ複数テーブル　94
気候データ　54
クエリ　13,79
クエリのビュー　80
グループ化　104
クロス集計　35,44
クロス集計表　43
結合　14
検索と置換　26,27
構造化問い合わせ言語　13
個人番号　4
個票　35,54
コントロール　112

サ行
サブフォーム　115
サブレポート　125
算術演算子　102
参照整合性　96
シート　17
視覚化　52
射影　14
集計クエリ　104
主キー　10,14,64,96
情報　1
数値による検索　30
スプレッドシート　17

正規化　12
正規形　12
整列　31
セクション　122
絶対参照　45
セル　17
選択　14
選択クエリ　79,80
層別分析　47,53
総務省統計局　21
ソート　31
属性　10

タ行
多側テーブル　96
多元集計　47,51
タプル　10
単純集計　35,36,41
単票形式　108,119
帳票形式　109,119
データ　1
データ型　10,62
データ形式の統一　6
データシート　109
データシートビュー　65,80
データの一元管理　5
データの共有化　5
データの障害対策　8
データの独立性　5
データベース　1
データベース関数　41
データベース管理システム　4
データベースファイル　60
データへのアクセス管理　6
テーブル　62
テーブル（表）　10
テーブル名　10
テキストファイル　24
テキストボックスコントロール　112
デザインビュー　65,80,110,119
同時実行制御　5

ナ行
ナビゲーションウィンドウ　68

「並べ替え」メニュー　31
ネットワーク型データベース　9

ハ行
パブリックデータ　21
パラメータクエリ　92
比較演算子　85
ビッグデータ　3,9
ピボットグラフ　52
ピボットテーブル　36
ピボットテーブルのフィールド　36
ビュー　65
表計算ソフトウェア　17
表形式　108,119
フィールド　10,62
フィールドプロパティ　62,71
フィールド名　10,62
フィルター　28
フォーム　108
フォームの形式　108
フォームのビュー　109
フォームビュー　109
ブック　17
ボックス　36

マ行
マイナンバー　4
マクロ　59
見える化　52
ミクロデータ　35,54
メインフォーム　115
メインレポート　125
モジュール　59
文字列による検索　28

ラ行
ラベルコントロール　112
リレーショナルデータベース　10
リレーションシップ（＝関連）　96
リンク貼り付け　34
レイアウトビュー　109,119
レコード　10,62

索 引

レポート 118
レポートの形式 118
レポートのビュー 119
レポートビュー 119

ワ行
ワイルドカード文字 85

A
Access 57
Access オブジェクト 58
And 検索 89
AVERAGEIFS 関数 46

B
Between 演算子 91

C
COUNTIFS 関数 44

COUNTIF 関数 41
CSV ファイル 24

D
DateDiff 関数 102
DBMS 4
DCOUNT 関数 41

E
Excel 17

F
FLOOR 関数 56
Format 関数 106

I
Int 関数 133

N
NoSQL データベース 9

O
Or 検索 89

S
SELECT 文 13
SQL 13
SQL クエリ 79
SUMIFS 関数 46

T
TEXT 関数 50

V
VLOOKUP 関数 49

編著者略歴

内田　治（うちだ　おさむ）
現　在　東京情報大学総合情報学部総合情報学科　准教授

著者略歴

藤原　丈史（ふじわら　たけし）
現　在　東京情報大学総合情報学部総合情報学科　准教授

吉澤　康介（よしざわ　こうすけ）
現　在　東京情報大学総合情報学部総合情報学科　准教授

三宅　修平（みやけ　しゅうへい）
現　在　東京情報大学総合情報学部総合情報学科　教授

実習ライブラリ＝11

実習　データベース
―ExcelとAccessで学ぶ基本と活用―

2016年1月10日ⓒ　　　　　　　　初　版　発　行

編著者　内田　治　　　　発行者　森平敏孝
著　者　藤原丈史　　　　印刷者　林　初彦
　　　　吉澤康介
　　　　三宅修平

発行所　株式会社　サイエンス社
〒151-0051　東京都渋谷区千駄ヶ谷1丁目3番25号
営業　☎(03)5474-8500(代)　振替00170-7-2387
編集　☎(03)5474-8600(代)　FAX ☎(03)5474-8900

印刷・製本　太洋社
《検印省略》

本書の内容を無断で複写複製することは，著作者および出版者
の権利を侵害することがありますので，その場合にはあらかじ
め小社あて許諾をお求め下さい．

ISBN978-4-7819-1372-8
PRINTED IN JAPAN

サイエンス社のホームページのご案内
http://www.saiensu.co.jp
ご意見・ご要望は
rikei@saiensu.co.jp　まで

実習 Word
－基礎からExcel・PowerPointとの連携まで－
入戸野・重定・児玉・河内谷共著
2色刷・B5・本体1950円

実習 Excelによる表計算
入戸野・柴田共著　2色刷・B5・本体1450円

実習 情報リテラシ
重定・河内谷共著　2色刷・B5・本体2000円

実習 Visual Basic.NET
－だれでもわかるプログラミング－
林・室井・鈴木共著　2色刷・B5・本体1900円

実習 Visual Basic 2005
－だれでもわかるプログラミング－
林・児玉共著　2色刷・B5・本体1950円

実習 Visual C++.NET
－だれでもわかるプログラミング－
児玉・小川・入戸野共著　2色刷・B5・本体2100円

実習 Visual Basic［最新版］
－だれでもわかるプログラミング－
林・児玉共著　2色刷・B5・本体2100円

実習 情報リテラシ［第2版］
重定・河内谷共著　B5・本体1980円

実習 データベース
－ExcelとAccessで学ぶ基本と活用－
内田編著　藤原・吉澤・三宅共著
2色刷・B5・本体1950円

＊表示価格は全て税抜きです．

サイエンス社